S0-EVH-473

CLIPART & FONTS

FREEHAND

FreeHand Clipart & Fonts Catalog
Second Edition
September 1995

Catalog Copyright © 1995 Macromedia, Inc. and its licensors. All rights reserved. No part of this publication may be reproduced, transmitted, transcribed, stored in a retrieval system, or translated into any language in any form by any means without the written permission of Macromedia, Inc.

Fonts Copyright © 1992 URW++ GmbH Hamburg, Germany and URW America Nashua, NH. All Rights Reserved.

Software License Notice
Your license agreement with Macromedia, Inc., which is included with the product, specifies the permitted and prohibited uses of the product. Any unauthorized duplication or use of FreeHand, in whole or in part, in print, or in any other storage and retrieval system is prohibited.

Clipart Copyright © 1984-1995 T/Maker Company. All Rights Reserved.

T/Maker Company ClickArt License Agreement
United States copyright law and international copyright treaties protect these ClickArt images ("The Images") but you may copy The Images in their present or modified form and incorporate them into another work for your own internal use. The Images may not be distributed as part of any software product or as part of an electronic document or collection of documents without written permission from T/Maker. T/Maker, however, gives you permission to incorporate and distribute duplicate or modified Images as an incidental part of any non-electronic product or collection of products that are distributed commercially (i.e., distributed for profit, such as a newsletter), provided the use or distribution of any of The Images does not constitute a substantial portion of the value of the goods distributed commercially. For example, you may not, without written permission from T/Maker, use an image as an art image on a T-shirt or poster manufactured for resale. You may not make any copies of any portion of The Images for distribution or resale.

You are granted a license to use The Images and the URW fonts ("The Fonts") for any CPU (central processing unit) for which a FreeHand license has been purchased. This software may not be loaded onto a Local Area Network unless a license has been purchased for each CPU on the Network.

Any implied warranties with respect to The Images, The Fonts, or compact disc or cd.rom, including implied warranties of merchantability, fitness for a particular purpose, and noninfringement of third party rights, are specifically disclaimed. Neither Macromedia, T/Maker, URW nor anyone else involved in the creation, production, delivery or licensing of The Images and The Fonts makes any warranty or representation of any kind, express or implied, with respect to The Images and The Fonts or their quality, reliability, or performance, or their merchantability or fitness for any particular purposes. The Images and The Fonts are licensed "as is." You assume the entire risk as to the quality, reliability, and performance of The Images. If The Images or The Fonts prove defective, you, and not Macromedia, T/Maker, URW or anyone else involved in the creation, production, delivery, or licensing of The Images and The Fonts, must assume the entire cost of all necessary corrections.

Licenses and Trademarks
FreeHand was created by Macromedia, Inc. © 1988-1995. All rights reserved. ClickArt and T/Maker are registered trademarks of T/Maker Company. Other product names may be trademarks or registered trademarks of other companies.

Macromedia, Inc., 600 Townsend St., San Francisco, CA 94103 (415) 252-2000

US Patents 5,353,396 and 5,361,333. Other patents pending.

Table of Contents

Clipart

1	Alphabet
13	Animals
23	Arrows
24	ArtsEnt
27	Banners
29	Borders
41	Building
44	Bullets
46	Bursts
48	Business
54	Cartoons
59	Clothes
61	Columns
64	Dingbat
71	Events
76	Food
81	Framers
83	Headers
91	Holidays
103	Househld
113	Icons
123	Industry
127	Map_Flag
132	Nature
139	People
153	Politics
154	Religion
155	Sports
166	Symbols

CLIPART

CLIPART & FONTS

alphabet	ALPBT001	ALPBT002	ALPBT003	ALPBT004	ALPBT005	ALPBT006	ALPBT007	ALPBT008	ALPBT009	
ALPBT010	ALPBT011	ALPBT012	ALPBT013	ALPBT014	ALPBT015	ALPBT016	ALPBT017	ALPBT018	ALPBT019	
ALPBT020	ALPBT021	ALPBT022	ALPBT023	ALPBT024	ALPBT025	ALPBT026	ALPBT027	ALPBT028	ALPBT029	
ALPBT030	ALPBT031	ALPBT032	ALPBT033	ALPBT034	ALPBT035	ALPBT036	ALPBT037	ALPBT038	ALPBT039	
ALPBT040	ALPBT041	ALPBT042	ALPBT043	ALPBT044	ALPBT045	ALPBT046	ALPBT047	ALPBT048	ALPBT049	
ALPBT050	ALPBT051	ALPBT052	ALPBT053	ALPBT054	ALPBT055	ALPBT056	ALPBT057	ALPBT058	ALPBT059	

FreeHand

j	k	l	m	n	o	p	q	r	s
ALPBT060	ALPBT061	ALPBT062	ALPBT063	ALPBT064	ALPBT065	ALPBT066	ALPBT067	ALPBT068	ALPBT069

t	u	v	w	x	y	z	A	B	C
ALPBT070	ALPBT071	ALPBT072	ALPBT073	ALPBT074	ALPBT075	ALPBT076	ALPCA001	ALPCA002	ALPCA003

D	E	F	G	H	I	J	K	L	M
ALPCA004	ALPCA005	ALPCA006	ALPCA007	ALPCA008	ALPCA009	ALPCA010	ALPCA011	ALPCA012	ALPCA013

N	O	P	Q	R	S	T	U	V	W
ALPCA014	ALPCA015	ALPCA016	ALPCA017	ALPCA018	ALPCA019	ALPCA020	ALPCA021	ALPCA022	ALPCA023

X	Y	Z	0	1	2	3	4	5	6
ALPCA024	ALPCA025	ALPCA026	ALPCA027	ALPCA028	ALPCA029	ALPCA030	ALPCA031	ALPCA032	ALPCA033

7	8	9	£	¢	&	$	!	?	%
ALPCA034	ALPCA035	ALPCA036	ALPCA037	ALPCA038	ALPCA039	ALPCA040	ALPCA041	ALPCA042	ALPCA043

Clipart & Fonts

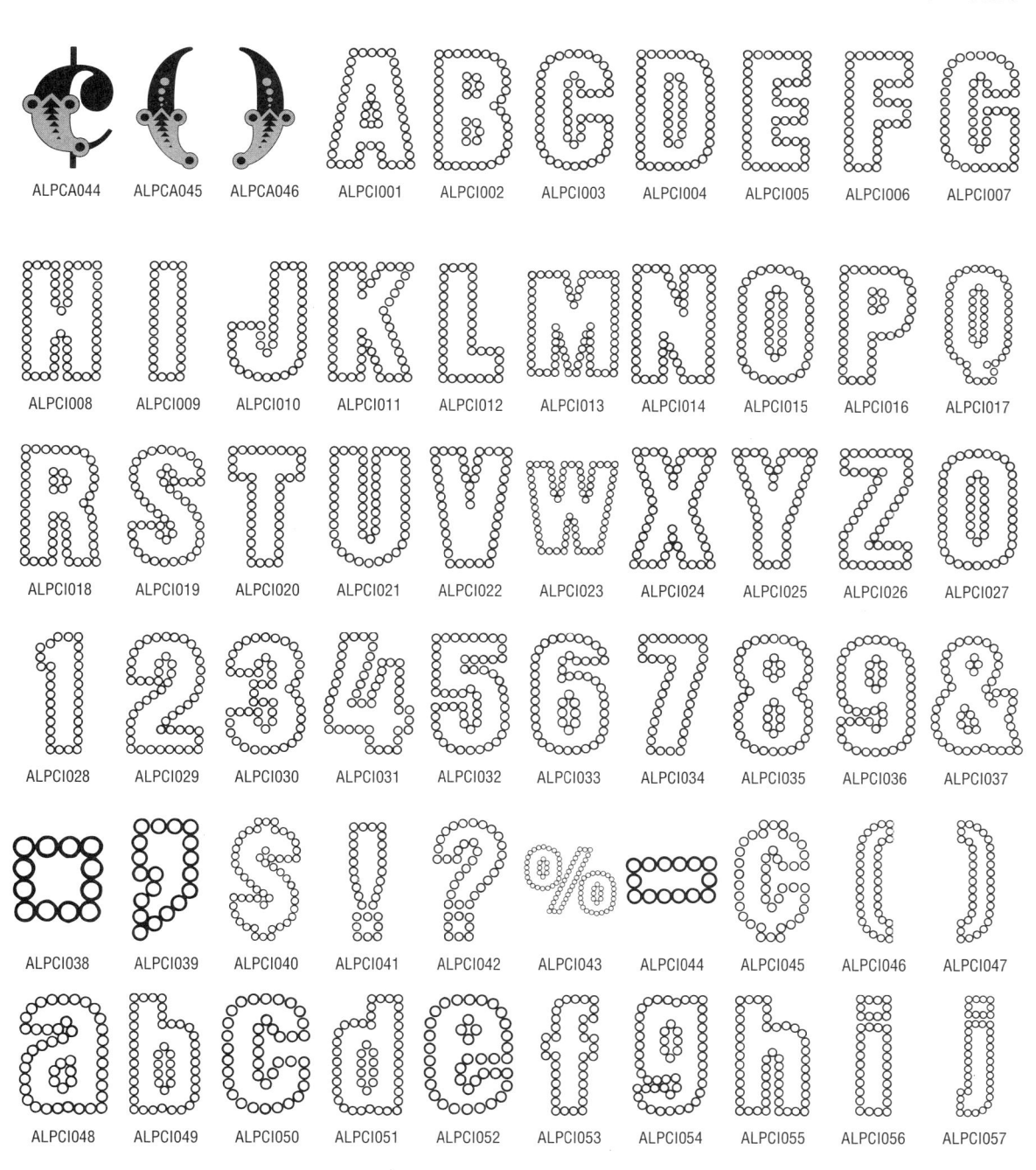

ALPCA044　ALPCA045　ALPCA046　ALPCI001　ALPCI002　ALPCI003　ALPCI004　ALPCI005　ALPCI006　ALPCI007

ALPCI008　ALPCI009　ALPCI010　ALPCI011　ALPCI012　ALPCI013　ALPCI014　ALPCI015　ALPCI016　ALPCI017

ALPCI018　ALPCI019　ALPCI020　ALPCI021　ALPCI022　ALPCI023　ALPCI024　ALPCI025　ALPCI026　ALPCI027

ALPCI028　ALPCI029　ALPCI030　ALPCI031　ALPCI032　ALPCI033　ALPCI034　ALPCI035　ALPCI036　ALPCI037

ALPCI038　ALPCI039　ALPCI040　ALPCI041　ALPCI042　ALPCI043　ALPCI044　ALPCI045　ALPCI046　ALPCI047

ALPCI048　ALPCI049　ALPCI050　ALPCI051　ALPCI052　ALPCI053　ALPCI054　ALPCI055　ALPCI056　ALPCI057

FreeHand

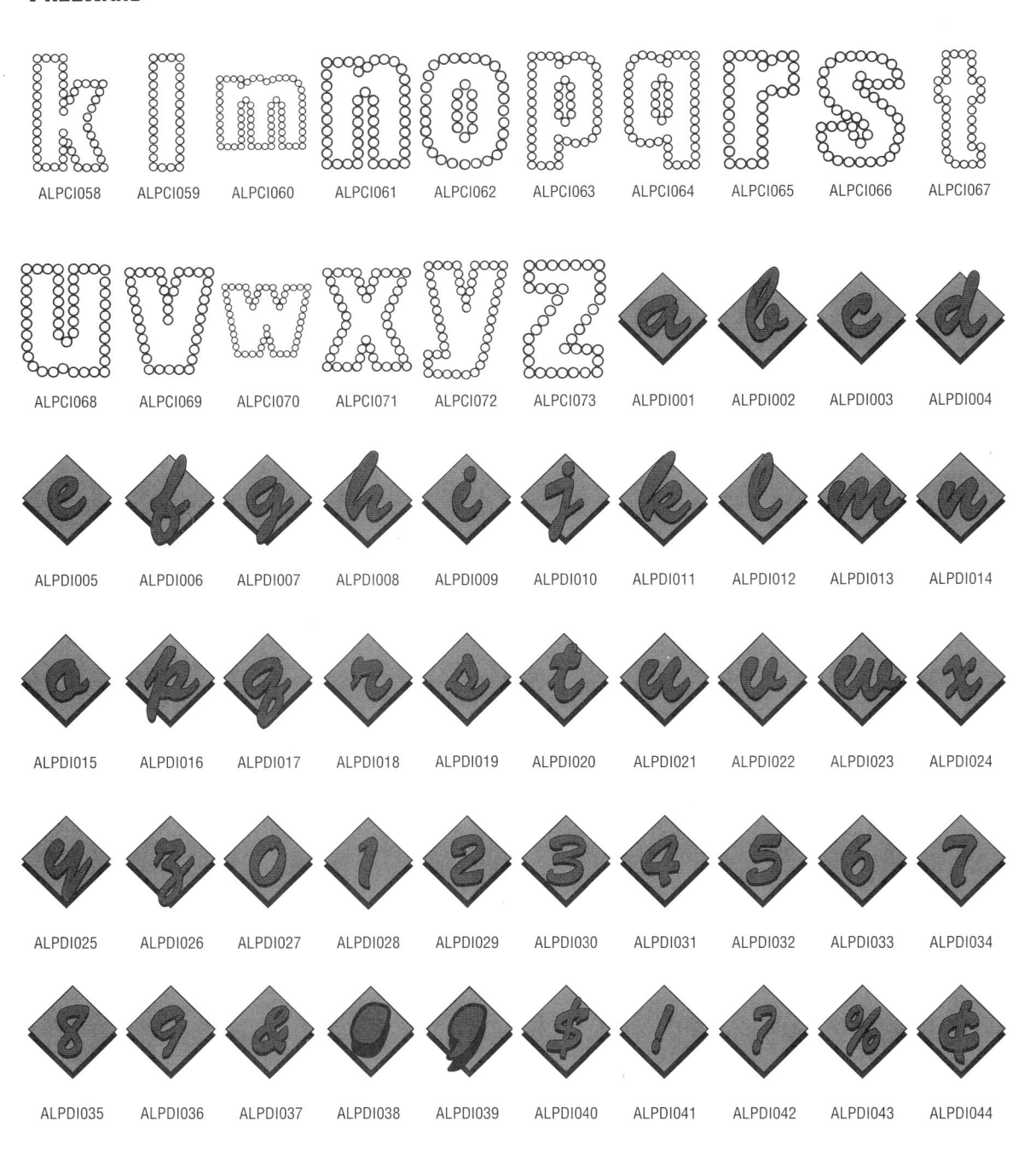

k	l	m	n	o	p	q	r	s	t	
ALPCI058	ALPCI059	ALPCI060	ALPCI061	ALPCI062	ALPCI063	ALPCI064	ALPCI065	ALPCI066	ALPCI067	

u	v	w	x	y	z	a	b	c	d
ALPCI068	ALPCI069	ALPCI070	ALPCI071	ALPCI072	ALPCI073	ALPDI001	ALPDI002	ALPDI003	ALPDI004

e	f	g	h	i	j	k	l	m	n
ALPDI005	ALPDI006	ALPDI007	ALPDI008	ALPDI009	ALPDI010	ALPDI011	ALPDI012	ALPDI013	ALPDI014

o	p	q	r	s	t	u	v	w	x
ALPDI015	ALPDI016	ALPDI017	ALPDI018	ALPDI019	ALPDI020	ALPDI021	ALPDI022	ALPDI023	ALPDI024

y	z	0	1	2	3	4	5	6	7
ALPDI025	ALPDI026	ALPDI027	ALPDI028	ALPDI029	ALPDI030	ALPDI031	ALPDI032	ALPDI033	ALPDI034

8	9	&	(	)	$	!	?	%	¢
ALPDI035	ALPDI036	ALPDI037	ALPDI038	ALPDI039	ALPDI040	ALPDI041	ALPDI042	ALPDI043	ALPDI044

Clipart & Fonts

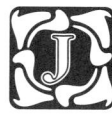

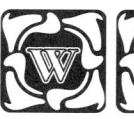

ALPDI045	ALPDI046	ALPDI047	ALPDI048	ALPDI049	ALPDI050	ALPFA001	ALPFA002	ALPFA003	ALPFA004
ALPFA005	ALPFA006	ALPFA007	ALPFA008	ALPFA009	ALPFA010	ALPFA011	ALPFA012	ALPFA013	ALPFA014
ALPFA015	ALPFA016	ALPFA017	ALPFA018	ALPFA019	ALPFA020	ALPFA021	ALPFA022	ALPFA023	ALPFA024
ALPFA025	ALPFA026	ALPFA027	ALPFA028	ALPFA029	ALPFA030	ALPFA031	ALPFA032	ALPFA033	ALPFA034
ALPFA035	ALPFA036	ALPFI001	ALPFI002	ALPFI003	ALPFI004	ALPFI005	ALPFI006	ALPFI007	ALPFI008
ALPFI009	ALPFI010	ALPFI011	ALPFI012	ALPFI013	ALPFI014	ALPFI015	ALPFI016	ALPFI017	ALPFI018

FreeHand

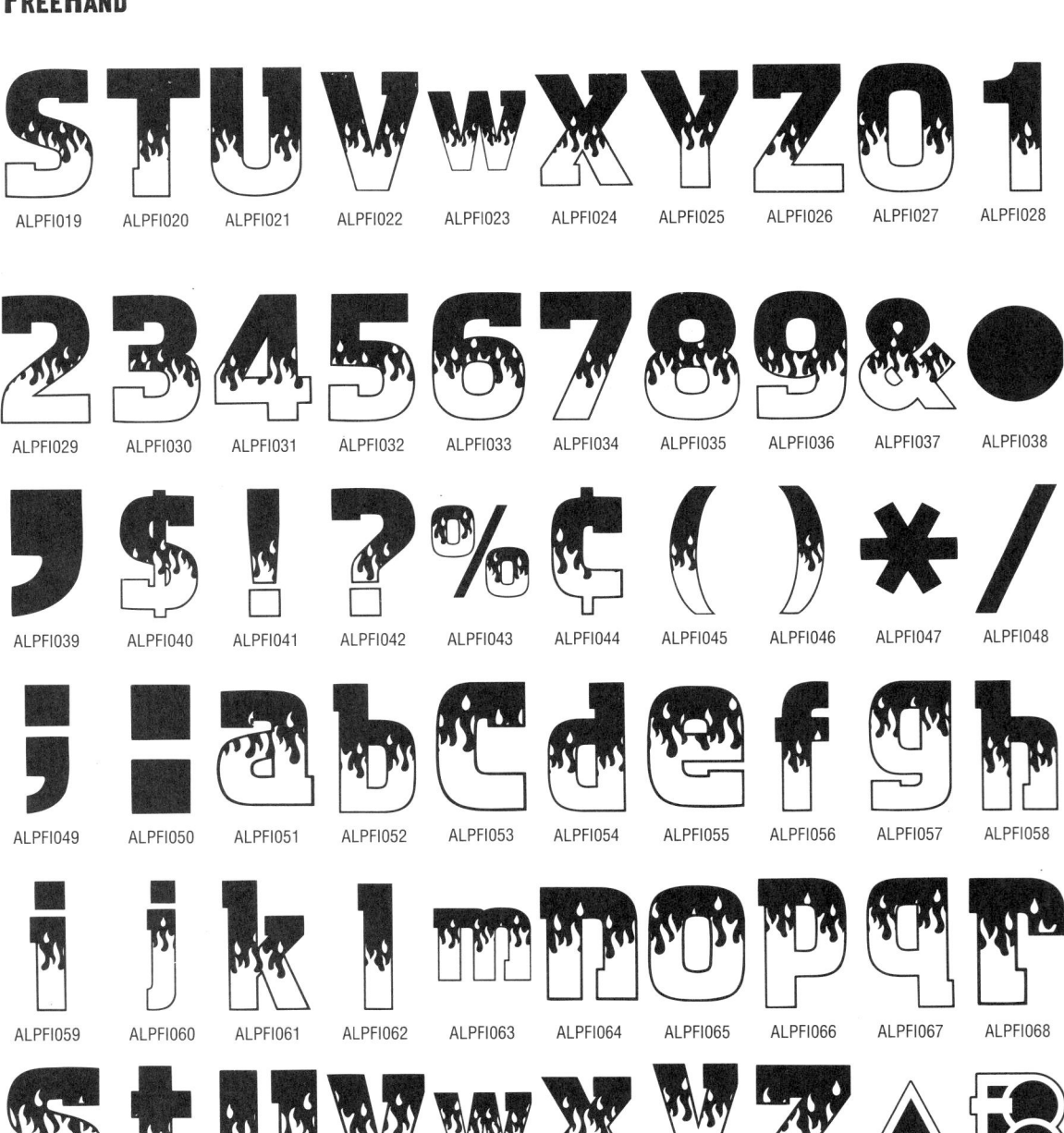

S	T	U	V	w	w	X	Y	Z	0	1
ALPFI019	ALPFI020	ALPFI021	ALPFI022	ALPFI023	ALPFI024	ALPFI025	ALPFI026	ALPFI027	ALPFI028	
2	3	4	5	6	7	8	9	&	●	
ALPFI029	ALPFI030	ALPFI031	ALPFI032	ALPFI033	ALPFI034	ALPFI035	ALPFI036	ALPFI037	ALPFI038	
,	$	!	?	%	¢	(	)	*	/	
ALPFI039	ALPFI040	ALPFI041	ALPFI042	ALPFI043	ALPFI044	ALPFI045	ALPFI046	ALPFI047	ALPFI048	
;	=	a	b	c	d	e	f	g	h	
ALPFI049	ALPFI050	ALPFI051	ALPFI052	ALPFI053	ALPFI054	ALPFI055	ALPFI056	ALPFI057	ALPFI058	
i	j	k	l	m	n	o	p	q	r	
ALPFI059	ALPFI060	ALPFI061	ALPFI062	ALPFI063	ALPFI064	ALPFI065	ALPFI066	ALPFI067	ALPFI068	
s	t	u	v	w	x	y	z	A	B	
ALPFI069	ALPFI070	ALPFI071	ALPFI072	ALPFI073	ALPFI074	ALPFI075	ALPFI076	ALPFU001	ALPFU002	

CLIPART & FONTS

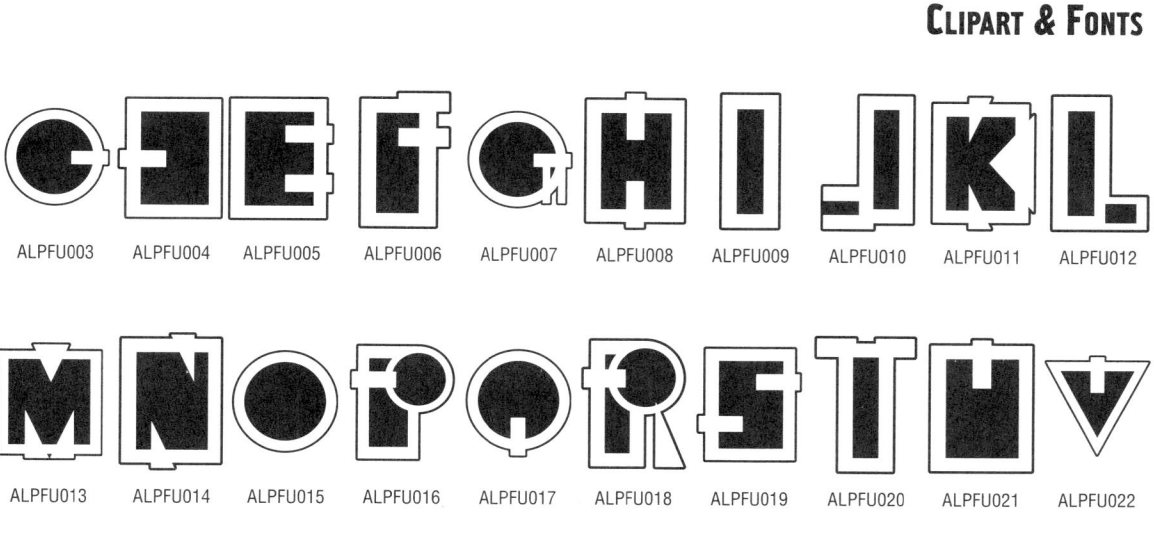

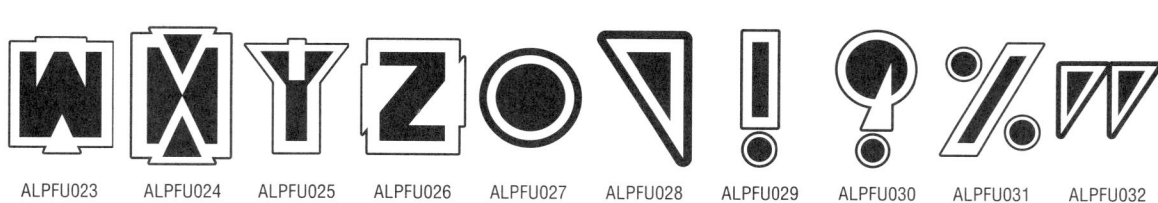

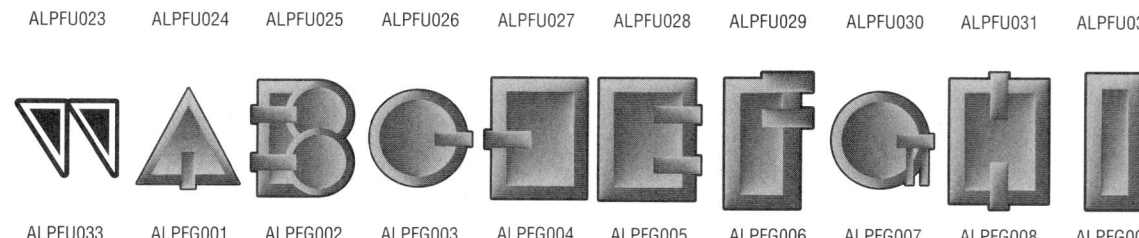

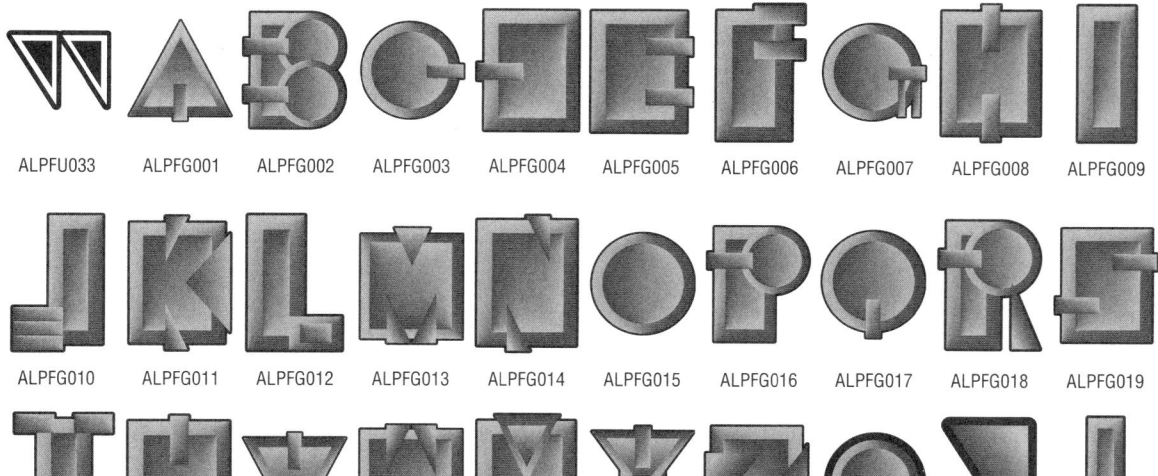

ALPFU003	ALPFU004	ALPFU005	ALPFU006	ALPFU007	ALPFU008	ALPFU009	ALPFU010	ALPFU011	ALPFU012
ALPFU013	ALPFU014	ALPFU015	ALPFU016	ALPFU017	ALPFU018	ALPFU019	ALPFU020	ALPFU021	ALPFU022
ALPFU023	ALPFU024	ALPFU025	ALPFU026	ALPFU027	ALPFU028	ALPFU029	ALPFU030	ALPFU031	ALPFU032
ALPFU033	ALPFG001	ALPFG002	ALPFG003	ALPFG004	ALPFG005	ALPFG006	ALPFG007	ALPFG008	ALPFG009
ALPFG010	ALPFG011	ALPFG012	ALPFG013	ALPFG014	ALPFG015	ALPFG016	ALPFG017	ALPFG018	ALPFG019
ALPFG020	ALPFG021	ALPFG022	ALPFG023	ALPFG024	ALPFG025	ALPFG026	ALPFG027	ALPFG028	ALPFG029

7

FreeHand

ALPFG030	ALPFG031	ALPFG032	ALPFG033	ALPHO001	ALPHO002	ALPHO003	ALPHO004	ALPHO005	ALPHO006
ALPHO007	ALPHO008	ALPHO009	ALPHO010	ALPHO011	ALPHO012	ALPHO013	ALPHO014	ALPHO015	ALPHO016
ALPHO017	ALPHO018	ALPHO019	ALPHO020	ALPHO021	ALPHO022	ALPHO023	ALPHO024	ALPHO025	ALPHO026
ALPHO027	ALPHO028	ALPHO029	ALPHO030	ALPHO031	ALPHO032	ALPHO033	ALPHO034	ALPHO035	ALPHO036
ALPHO037	ALPHO038	ALPHO039	ALPHO040	ALPHO041	ALPHO042	ALPHO043	ALPHO044	ALPHO045	ALPHO046
ALPHO047	ALPHO048	ALPHO049	ALPHO050	ALPHO051	ALPPN001	ALPPN002	ALPPN003	ALPPN004	ALPPN005

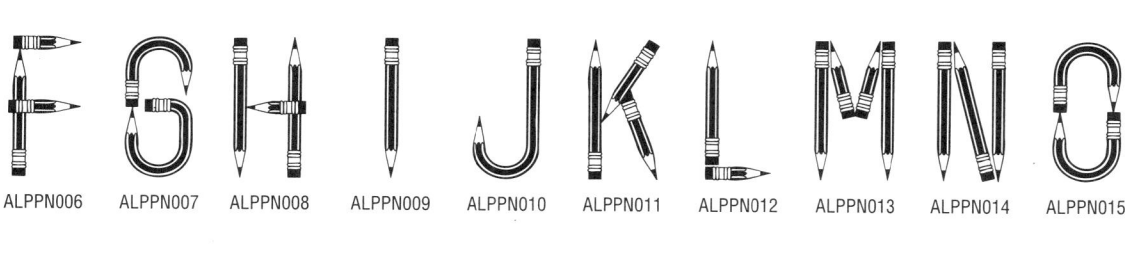

Clipart & Fonts

ALPPN006	ALPPN007	ALPPN008	ALPPN009	ALPPN010	ALPPN011	ALPPN012	ALPPN013	ALPPN014	ALPPN015
ALPPN016	ALPPN017	ALPPN018	ALPPN019	ALPPN020	ALPPN021	ALPPN022	ALPPN023	ALPPN024	ALPPN025
ALPPN026	ALPPN027	ALPPN028	ALPPN029	ALPPN030	ALPPN031	ALPPN032	ALPPN033	ALPPN034	ALPPN035
ALPPN036	ALPPN037	ALPPN038	ALPPN039	ALPPN040	ALPPN041	ALPPN042	ALPPN043	ALPPN044	ALPRA001
ALPRA002	ALPRA003	ALPRA004	ALPRA005	ALPRA006	ALPRA007	ALPRA008	ALPRA009	ALPRA010	ALPRA011
ALPRA012	ALPRA013	ALPRA014	ALPRA015	ALPRA016	ALPRA017	ALPRA018	ALPRA019	ALPRA020	ALPRA021

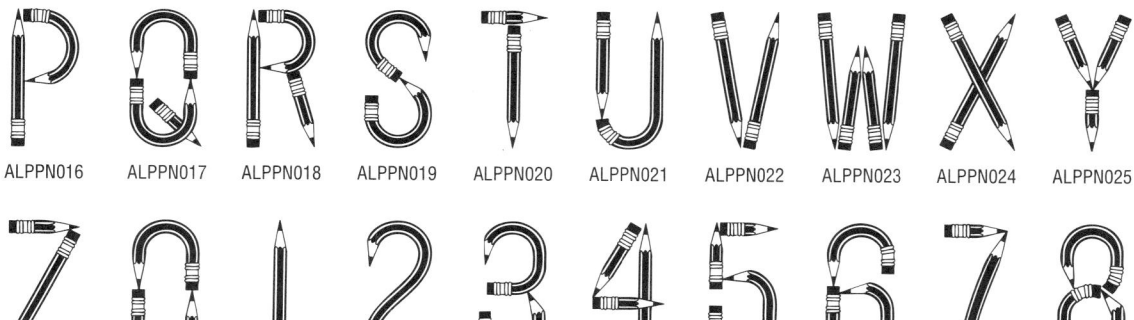

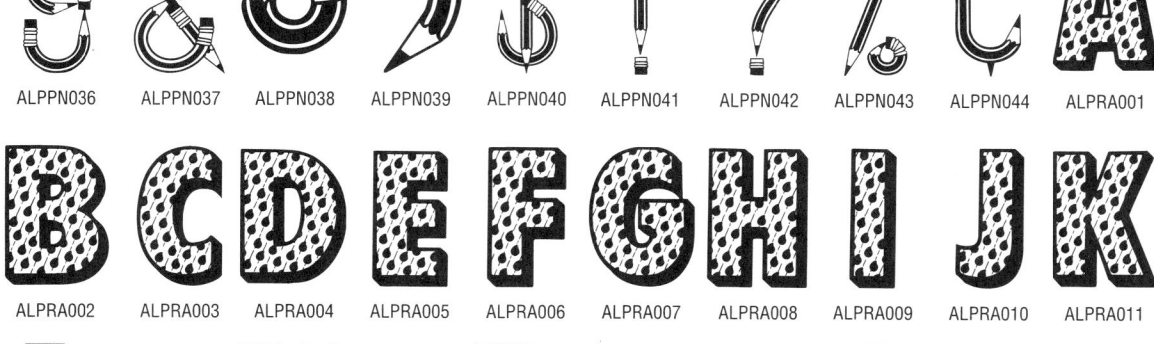

FreeHand

ALPRA022	ALPRA023	ALPRA024	ALPRA025	ALPRA026	ALPRA027	ALPRA028	ALPRA029	ALPRA030	ALPRA031
ALPRA032	ALPRA033	ALPRA034	ALPRA035	ALPRA036	ALPRA037	ALPRA038	ALPRA039	ALPRA040	ALPRA041
ALPRA042	ALPRA043	ALPRA044	ALPRA045	ALPSP001	ALPSP002	ALPSP003	ALPSP004	ALPSP005	ALPSP006
ALPSP007	ALPSP008	ALPSP009	ALPSP010	ALPSP011	ALPSP012	ALPSP013	ALPSP014	ALPSP015	ALPSP016
ALPSP017	ALPSP018	ALPSP019	ALPSP020	ALPSP021	ALPSP022	ALPSP023	ALPSP024	ALPSP025	ALPSP026
ALPSP027	ALPSP028	ALPSP029	ALPSP030	ALPSP031	ALPSP032	ALPSP033	ALPSP034	ALPSP035	ALPSP036

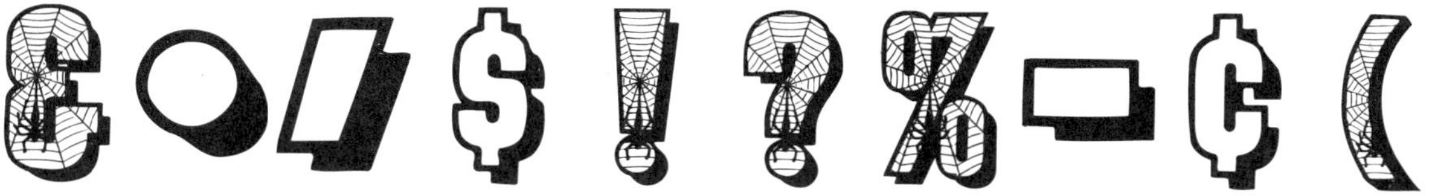

CLIPART & FONTS

ALPSP037	ALPSP038	ALPSP039	ALPSP040	ALPSP041	ALPSP042	ALPSP043	ALPSP044	ALPSP045	ALPSP046	
ALPSP047	ALPSP048	ALPSP049	ALPSP050	ALPSP051	ALPSP052	ALPSP053	ALPSP054	ALPSP055	ALPSP056	
ALPSP057	ALPSP058	ALPSP059	ALPSP060	ALPSP061	ALPSP062	ALPSP063	ALPSP064	ALPSP065	ALPSP066	
ALPSP067	ALPSP068	ALPSP069	ALPSP070	ALPSP071	ALPSP072	ALPSP073	ALPSP074	ALPSP075	ALPSP076	
ALPXM001	ALPXM002	ALPXM003	ALPXM004	ALPXM005	ALPXM006	ALPXM007	ALPXM008	ALPXM009	ALPXM010	
ALPXM011	ALPXM012	ALPXM013	ALPXM014	ALPXM015	ALPXM016	ALPXM017	ALPXM018	ALPXM019	ALPXM020	

11

FreeHand

| ALPXM021 | ALPXM022 | ALPXM023 | ALPXM024 | ALPXM025 | ALPXM026 | ALPXM027 | ALPXM028 | ALPXM029 | ALPXM030 |

| ALPXM031 | ALPXM032 | ALPXM033 | ALPXM034 | ALPXM035 | ALPXM036 | ALPXM037 | ALPXM038 | ALPXM039 | ALPXM040 |

| ALPXM041 | ALPXM042 | ALPXM043 | ALPXM044 |

Clipart & Fonts

animals

ANIAQ001	ANIAQ002	ANIAQ003
ANIAQ004	ANIAQ005	ANIAQ006
ANIAQ007	ANIAQ008	ANIAQ009
ANIAQ010	ANIAQ011	ANIAQ012
ANIAQ013	ANIAQ014	ANIAQ015
ANIAQ016	ANIAQ017	ANIAQ018
ANIAQ019	ANIAQ020	ANIAQ021
ANIAQ022	ANIAQ023	ANIAQ024
ANIAQ025	ANIAQ026	ANIAQ027
ANIAQ028	ANIAQ029	ANIAQ030
ANIAQ031	ANIAQ032	ANIAQ033
ANIAQ034	ANIAQ035	ANIAQ036
ANIAQ037	ANIAQ038	ANIAQ039
ANIAQ040	ANIAQ041	ANIAQ042
ANIAQ043	ANIAQ044	ANIAQ045
ANIAQ046	ANIAQ047	ANIAQ048
ANIAQ049	ANIAQ050	ANIAQ051
ANIAQ052	ANIAQ053	ANIAQ054
ANIAQ055	ANIAQ056	ANIAQ057
ANIAQ058	ANIAQ059	

FreeHand

ANIAQ060	ANIAQ061	ANIAQ062	ANIAQ063	ANIAQ064	ANIAQ065	ANIAQ066	ANIAQ067	ANIAQ068	ANIAQ069	
ANIAQ070	ANIAQ071	ANIAQ072	ANIAQ073	ANIAQ074	ANIAQ075	ANIBD001	ANIBD002	ANIBD003	ANIBD004	
ANIBD005	ANIBD006	ANIBD007	ANIBD008	ANIBD009	ANIBD010	ANIBD011	ANIBD012	ANIBD013	ANIBD014	
ANIBD015	ANIBD016	ANIBD017	ANIBD018	ANIBD019	ANIBD020	ANIBD021	ANIBD022	ANIBD023	ANIBD024	
ANIBD025	ANIBD026	ANIBD027	ANIBD028	ANIBD029	ANIBD030	ANIBD031	ANIBD032	ANIBD033	ANIBD034	
ANIBD035	ANIBD036	ANIBD037	ANIBD038	ANIBD039	ANIBD040	ANIBD041	ANIBD042	ANIBD043	ANIBD044	

Clipart & Fonts

ANIBD045	ANIBD046	ANIBD047	ANIBD048	ANIBD049	ANIBD050	ANIBD051	ANIBD052	ANIBD053	ANIBD054
ANIBD055	ANIBD056	ANIBD057	ANIBD058	ANIBD059	ANIBD060	ANIBD061	ANIBD062	ANIBD063	ANIBD064
ANIBD065	ANIBD066	ANIBD067	ANIBD068	ANIBD069	ANIBD070	ANIBD071	ANIBD072	ANIBD073	ANIBD074
ANIBD075	ANIBD076	ANIBD077	ANIBD078	ANIBD079	ANIBD080	ANIBD081	ANIBD082	ANIBD083	ANIBD084
ANIBD085	ANIBD086	ANIBD087	ANIBD088	ANIBD089	ANIBD090	ANIBD091	ANIBD092	ANIBD093	ANIBD094
ANIBD095	ANIBD096	ANIBD097	ANIBD098	ANIBD099	ANIBD100	ANIBD101	ANIBD102	ANIBD103	ANIBD104

FreeHand

| ANIBD105 | ANIBD106 | ANIBD107 | ANIBD108 | ANIBD109 | ANIBD110 | ANIDI001 | ANIDI002 | ANIDI003 | ANIDI004 |

| ANIDI005 | ANIDI006 | ANIDI007 | ANIDI008 | ANIDI009 | ANIDI010 | ANIDI011 | ANIDI012 | ANIDI013 | ANIDI014 |

| ANIDI015 | ANIDI016 | ANIDI017 | ANIDI018 | ANIDI019 | ANIFA001 | ANIFA002 | ANIFA003 | ANIFA004 | ANIFA005 |

| ANIFA006 | ANIFA007 | ANIFA008 | ANIFA009 | ANIFA010 | ANIFA011 | ANIFA012 | ANIFA013 | ANIFA014 | ANIFA015 |

| ANIFA016 | ANIFA017 | ANIFA018 | ANIFA019 | ANIFA020 | ANIFA021 | ANIFA022 | ANIFA023 | ANIFA024 | ANIFA025 |

| ANIFA026 | ANIFA027 | ANIFA028 | ANIFA029 | ANIFA030 | ANIFA031 | ANIFA032 | ANIFA033 | ANIFA034 | ANIFA035 |

Clipart & Fonts

ANIFA036	ANIFA037	ANIFA038	ANIFA039	ANIFA040	ANIFA041	ANIFA042	ANIFA043	ANIFA044	ANIFA045	
ANIFA046	ANIFA047	ANIFA048	ANIFA049	ANIFA050	ANIFA051	ANIFA052	ANIFA053	ANIFA054	ANIFA055	
ANIFA056	ANIFA057	ANIFA058	ANIFA059	ANIFA060	ANIFA061	ANIFA062	ANIFA063	ANIFA064	ANIFA065	
ANIFA066	ANIFA067	ANIFA068	ANIFA069	ANIFA070	ANIFA071	ANIFA072	ANIFA073	ANIFA074	ANIFA075	
ANIFA076	ANIFA077	ANIFA078	ANIFA079	ANIFA080	ANIIN001	ANIIN002	ANIIN003	ANIIN004	ANIIN005	
ANIIN006	ANIIN007	ANIIN008	ANIIN009	ANIIN010	ANIIN011	ANIIN012	ANIIN013	ANIIN014	ANIIN015	

ANT · BEETLE · FLY

FreeHand

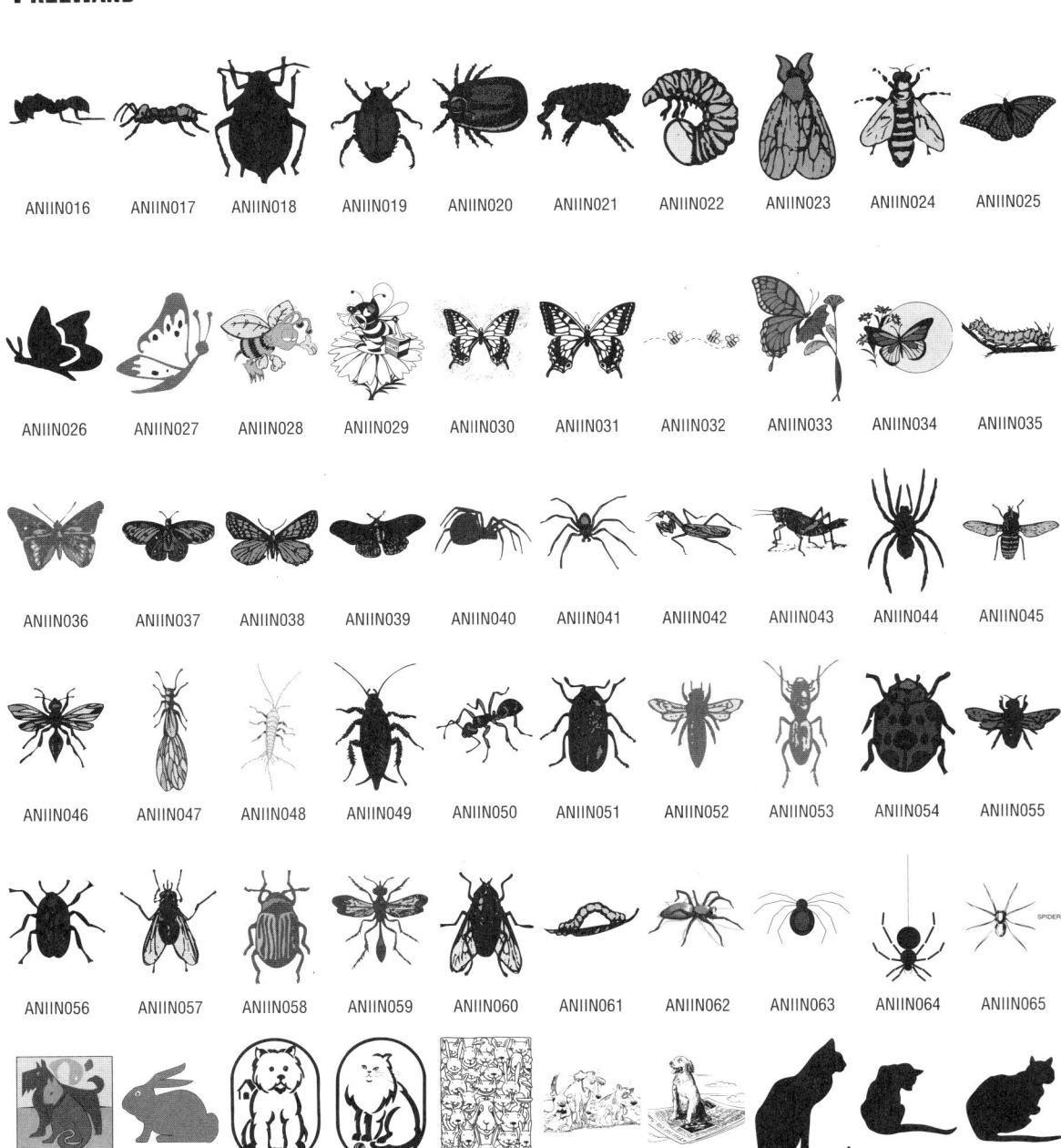

ANIIN016	ANIIN017	ANIIN018	ANIIN019	ANIIN020	ANIIN021	ANIIN022	ANIIN023	ANIIN024	ANIIN025
ANIIN026	ANIIN027	ANIIN028	ANIIN029	ANIIN030	ANIIN031	ANIIN032	ANIIN033	ANIIN034	ANIIN035
ANIIN036	ANIIN037	ANIIN038	ANIIN039	ANIIN040	ANIIN041	ANIIN042	ANIIN043	ANIIN044	ANIIN045
ANIIN046	ANIIN047	ANIIN048	ANIIN049	ANIIN050	ANIIN051	ANIIN052	ANIIN053	ANIIN054	ANIIN055
ANIIN056	ANIIN057	ANIIN058	ANIIN059	ANIIN060	ANIIN061	ANIIN062	ANIIN063	ANIIN064	ANIIN065
ANIPT001	ANIPT002	ANIPT003	ANIPT004	ANIPT005	ANIPT006	ANIPT007	ANIPT008	ANIPT009	ANIPT010

CLIPART & FONTS

ANIPT011	ANIPT012	ANIPT013	ANIPT014	ANIPT015	ANIPT016	ANIPT017	ANIPT018	ANIPT019	ANIPT020
ANIPT021	ANIPT022	ANIPT023	ANIPT024	ANIPT025	ANIPT026	ANIPT027	ANIPT028	ANIPT029	ANIPT030
ANIPT031	ANIPT032	ANIPT033	ANIPT034	ANIPT035	ANIPT036	ANIPT037	ANIPT038	ANIPT039	ANIPT040
ANIPT041	ANIPT042	ANIPT043	ANIPT044	ANIPT045	ANIPT046	ANIPT047	ANIPT048	ANIPT049	ANIPT050
ANIPT051	ANIPT052	ANIPT053	ANIPT054	ANIPT055	ANIPT056	ANIPT057	ANIPT058	ANIPT059	ANIPT060
ANIPT061	ANIPT062	ANIPT063	ANIPT064	ANIPT065	ANIPT066	ANIPT067	ANIPT068	ANIPT069	ANIPT070

FreeHand

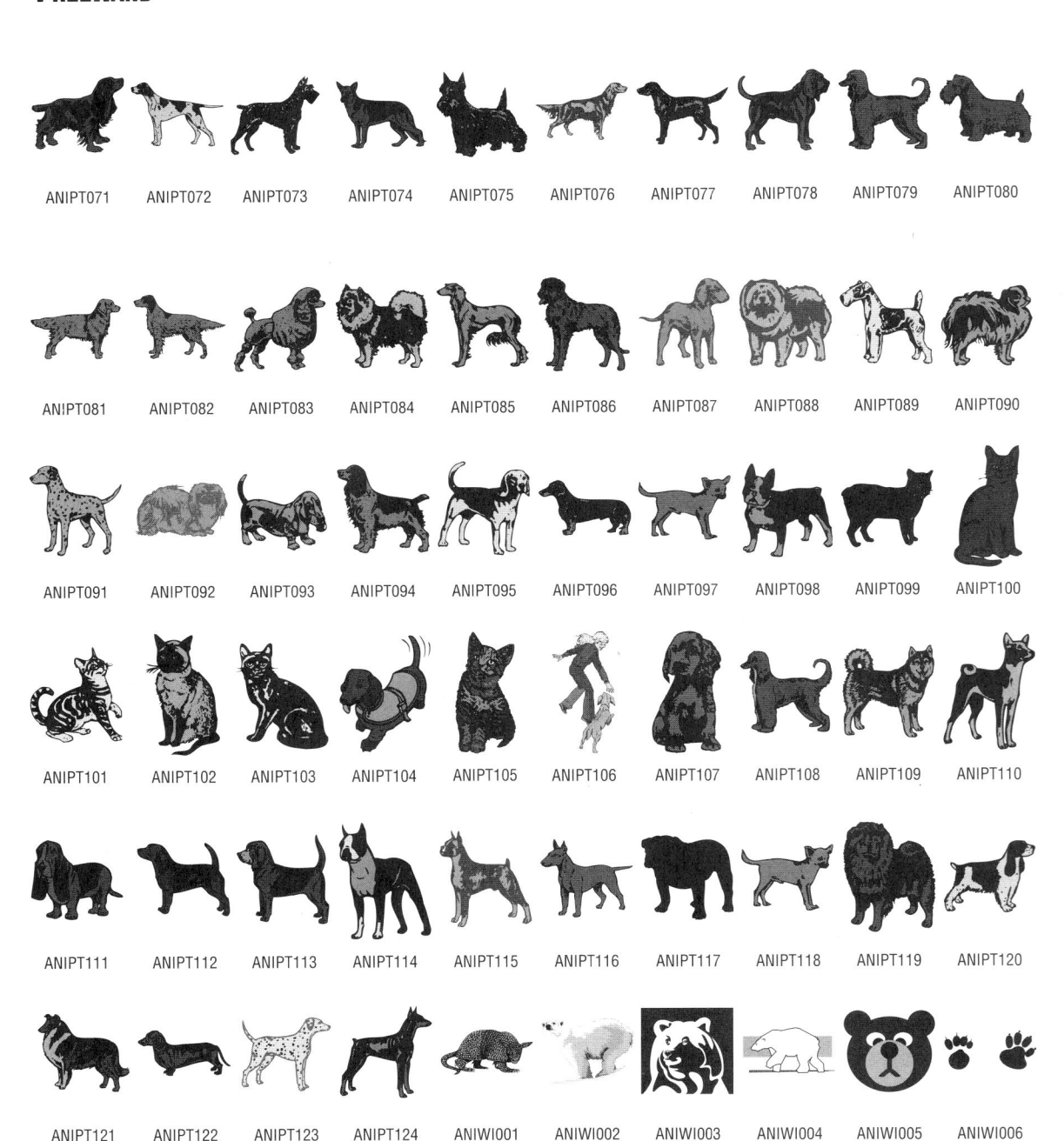

ANIPT071	ANIPT072	ANIPT073	ANIPT074	ANIPT075	ANIPT076	ANIPT077	ANIPT078	ANIPT079	ANIPT080
ANIPT081	ANIPT082	ANIPT083	ANIPT084	ANIPT085	ANIPT086	ANIPT087	ANIPT088	ANIPT089	ANIPT090
ANIPT091	ANIPT092	ANIPT093	ANIPT094	ANIPT095	ANIPT096	ANIPT097	ANIPT098	ANIPT099	ANIPT100
ANIPT101	ANIPT102	ANIPT103	ANIPT104	ANIPT105	ANIPT106	ANIPT107	ANIPT108	ANIPT109	ANIPT110
ANIPT111	ANIPT112	ANIPT113	ANIPT114	ANIPT115	ANIPT116	ANIPT117	ANIPT118	ANIPT119	ANIPT120
ANIPT121	ANIPT122	ANIPT123	ANIPT124	ANIWI001	ANIWI002	ANIWI003	ANIWI004	ANIWI005	ANIWI006

CLIPART & FONTS

ANIWI007	ANIWI008	ANIWI009	ANIWI010	ANIWI011	ANIWI012
ANIWI013	ANIWI014	ANIWI015	ANIWI016	ANIWI017	ANIWI018
ANIWI019	ANIWI020	ANIWI021	ANIWI022	ANIWI023	ANIWI024
ANIWI025	ANIWI026	ANIWI027	ANIWI028	ANIWI029	ANIWI030
ANIWI031	ANIWI032	ANIWI033	ANIWI034	ANIWI035	ANIWI036
ANIWI037	ANIWI038	ANIWI039	ANIWI040	ANIWI041	ANIWI042
ANIWI043	ANIWI044	ANIWI045	ANIWI046	ANIWI047	ANIWI048
ANIWI049	ANIWI050	ANIWI051	ANIWI052	ANIWI053	ANIWI054
ANIWI055	ANIWI056	ANIWI057	ANIWI058	ANIWI059	ANIWI060
ANIWI061	ANIWI062	ANIWI063	ANIWI064	ANIWI065	ANIWI066

FreeHand

ANIWI067	ANIWI068	ANIWI069	ANIWI070	ANIWI071	ANIWI072	ANIWI073	ANIWI074	ANIWI075	ANIWI076
ANIWI077	ANIWI078	ANIWI079	ANIWI080	ANIWI081	ANIWI082	ANIWI083	ANIWI084	ANIWI085	ANIWI086
ANIWI087	ANIWI088	ANIWI089	ANIWI090	ANIWI091	ANIWI092	ANIWI093	ANIWI094	ANIWI095	ANIWI096
ANIWI097	ANIWI098	ANIWI099	ANIWI100	ANIWI101	ANIWI102	ANIWI103	ANIWI104	ANIWI105	ANIWI106
ANIWI107	ANIWI108	ANIWI109	ANIWI110	ANIWI111	ANIWI112	ANIWI113	ANIWI114	ANIWI115	

Clipart & Fonts

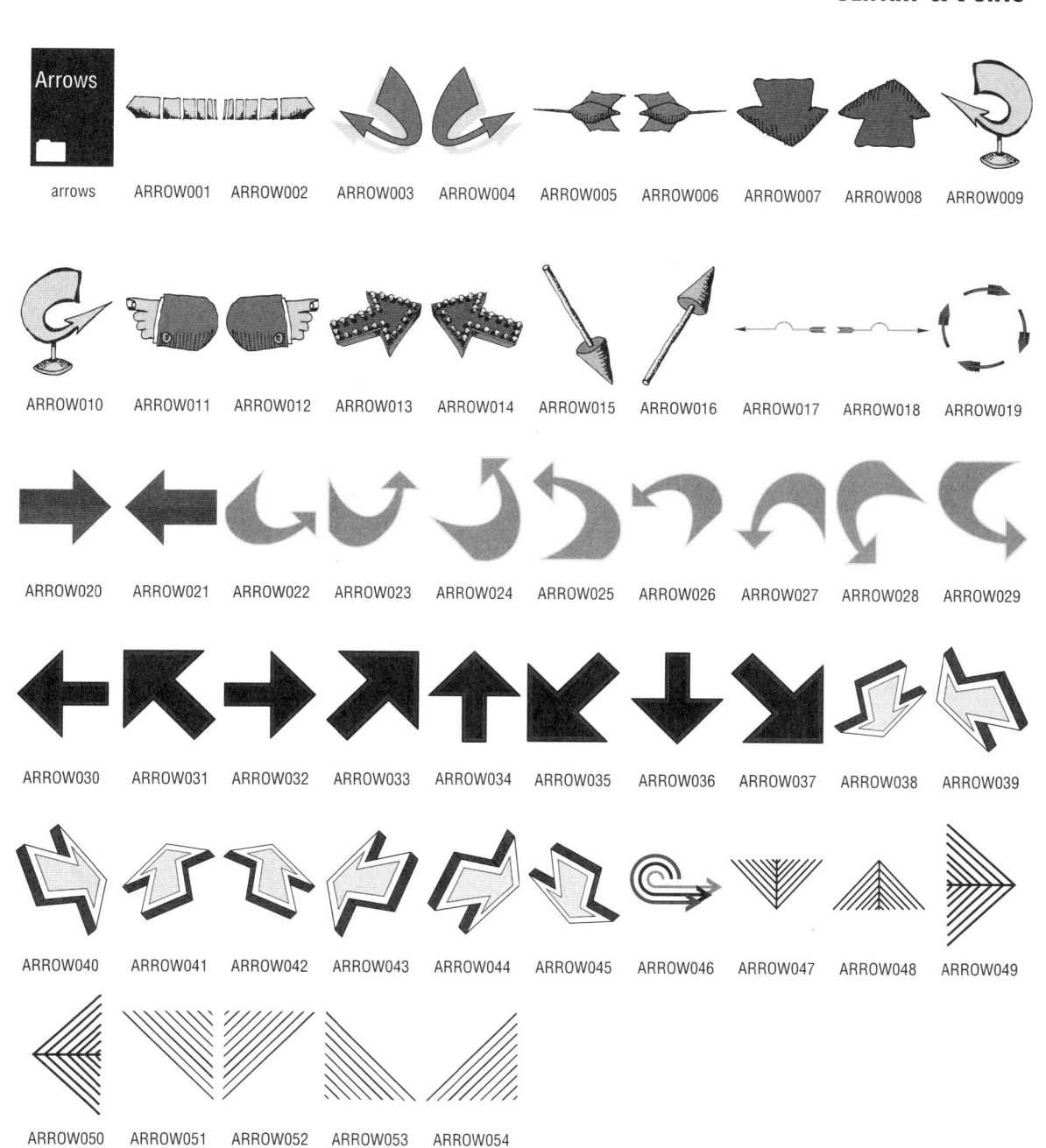

arrows

ARROW001	ARROW002	ARROW003	ARROW004
ARROW005	ARROW006	ARROW007	ARROW008
ARROW009	ARROW010	ARROW011	ARROW012
ARROW013	ARROW014	ARROW015	ARROW016
ARROW017	ARROW018	ARROW019	ARROW020
ARROW021	ARROW022	ARROW023	ARROW024
ARROW025	ARROW026	ARROW027	ARROW028
ARROW029	ARROW030	ARROW031	ARROW032
ARROW033	ARROW034	ARROW035	ARROW036
ARROW037	ARROW038	ARROW039	ARROW040
ARROW041	ARROW042	ARROW043	ARROW044
ARROW045	ARROW046	ARROW047	ARROW048
ARROW049	ARROW050	ARROW051	ARROW052
ARROW053	ARROW054		

FreeHand

artsent	AENAR001	AENAR002	AENAR003	AENAR004
AENAR005	AENAR006	AENAR007	AENAR008	AENAR009
AENAR010	AENAR011	AENAR012	AENAR013	AENAR014
AENAR015	AENAR016	AENAR017	AENAR018	AENAR019
AENAR020	AENAR021	AENAR022	AENAR023	AENAR024
AENAR025	AENAR026	AENCI001	AENCI002	AENCI003
AENCI004	AENCI005	AENCI006	AENCI007	AENCI008
AENCI009	AENDA001	AENDA002	AENDA003	AENDA004
AENDA005	AENDA006	AENDA007	AENDA008	AENDA009
AENDA010	AENDA011	AENDA012	AENDA013	AENDA014
AENDA015	AENDA016	AENDA017	AENDA018	AENDA019
AENDA020	AENDA021	AENDA022	AENDA023	AENEN001

24

CLIPART & FONTS

AENEN002	AENEN003	AENEN004	AENEN005	AENEN006	AENEN007	AENEN008	AENEN009	AENEN010	AENEN011
AENEN012	AENEN013	AENEN014	AENEN015	AENEN016	AENEN017	AENEN018	AENEN019	AENEN020	AENEN021
AENEN022	AENEN023	AENEN024	AENEN025	AENEN026	AENEN027	AENEN028	AENEN029	AENEN030	AENEN031
AENEN032	AENEN033	AENEN034	AENEN035	AENEN036	AENEN037	AENEN038	AENEN039	AENEN040	AENEN041
AENEN042	AENEN043	AENEN044	AENEN045	AENEN046	AENEN047	AENEN048	AENEN049	AENEN050	AENEN051
AENEN052	AENEN053	AENMU001	AENMU002	AENMU003	AENMU004	AENMU005	AENMU006	AENMU007	AENMU008

FreeHand

AENMU009	AENMU010	AENMU011	AENMU012	AENMU013	AENMU014	AENMU015	AENMU016	AENMU017	AENMU018
AENMU019	AENMU020	AENMU021	AENMU022	AENMU023	AENMU024	AENMU025	AENMU026	AENMU027	AENMU028
AENMU029	AENMU030	AENMU031	AENMU032	AENMU033	AENMU034	AENMU035	AENMU036	AENMU037	AENMU038
AENMU039	AENMU040	AENMU041	AENMU042	AENMU043	AENMU044	AENMU045	AENMU046	AENMU047	AENMU048
AENMU049	AENMU050	AENMU051	AENMU052	AENMU053	AENMU054	AENMU055	AENMU056	AENSY001	AENSY002
AENSY003	AENSY004	AENSY005	AENSY006	AENSY007	AENSY008				

Clipart & Fonts

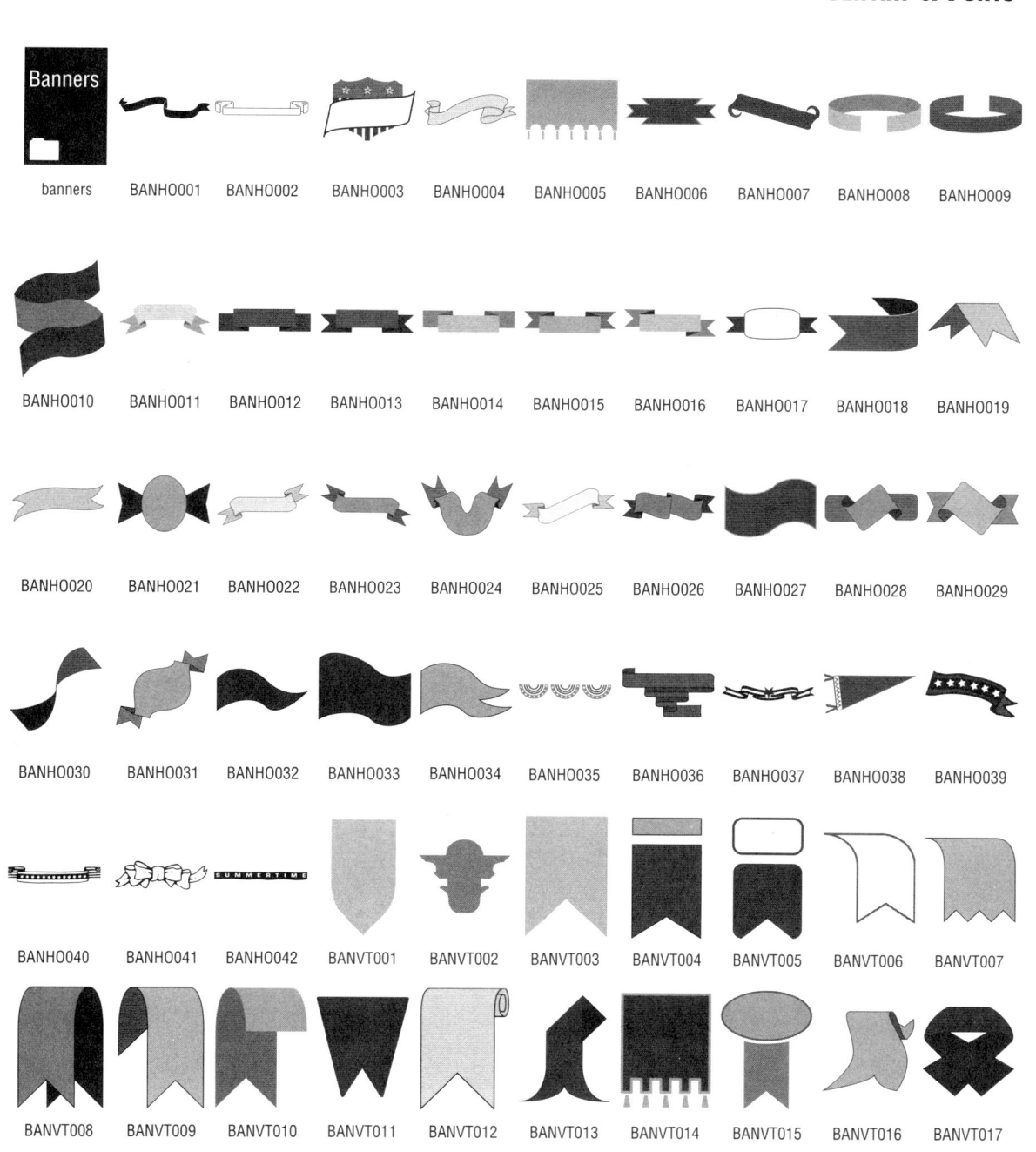

banners

BANHO001	BANHO002	BANHO003
BANHO004	BANHO005	BANHO006
BANHO007	BANHO008	BANHO009
BANHO010	BANHO011	BANHO012
BANHO013	BANHO014	BANHO015
BANHO016	BANHO017	BANHO018
BANHO019	BANHO020	BANHO021
BANHO022	BANHO023	BANHO024
BANHO025	BANHO026	BANHO027
BANHO028	BANHO029	BANHO030
BANHO031	BANHO032	BANHO033
BANHO034	BANHO035	BANHO036
BANHO037	BANHO038	BANHO039
BANHO040	BANHO041	BANHO042
BANVT001	BANVT002	BANVT003
BANVT004	BANVT005	BANVT006
BANVT007	BANVT008	BANVT009
BANVT010	BANVT011	BANVT012
BANVT013	BANVT014	BANVT015
BANVT016	BANVT017	

FreeHand

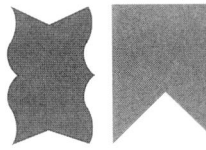

BANVT018   BANVT019   BANVT020

Clipart & Fonts

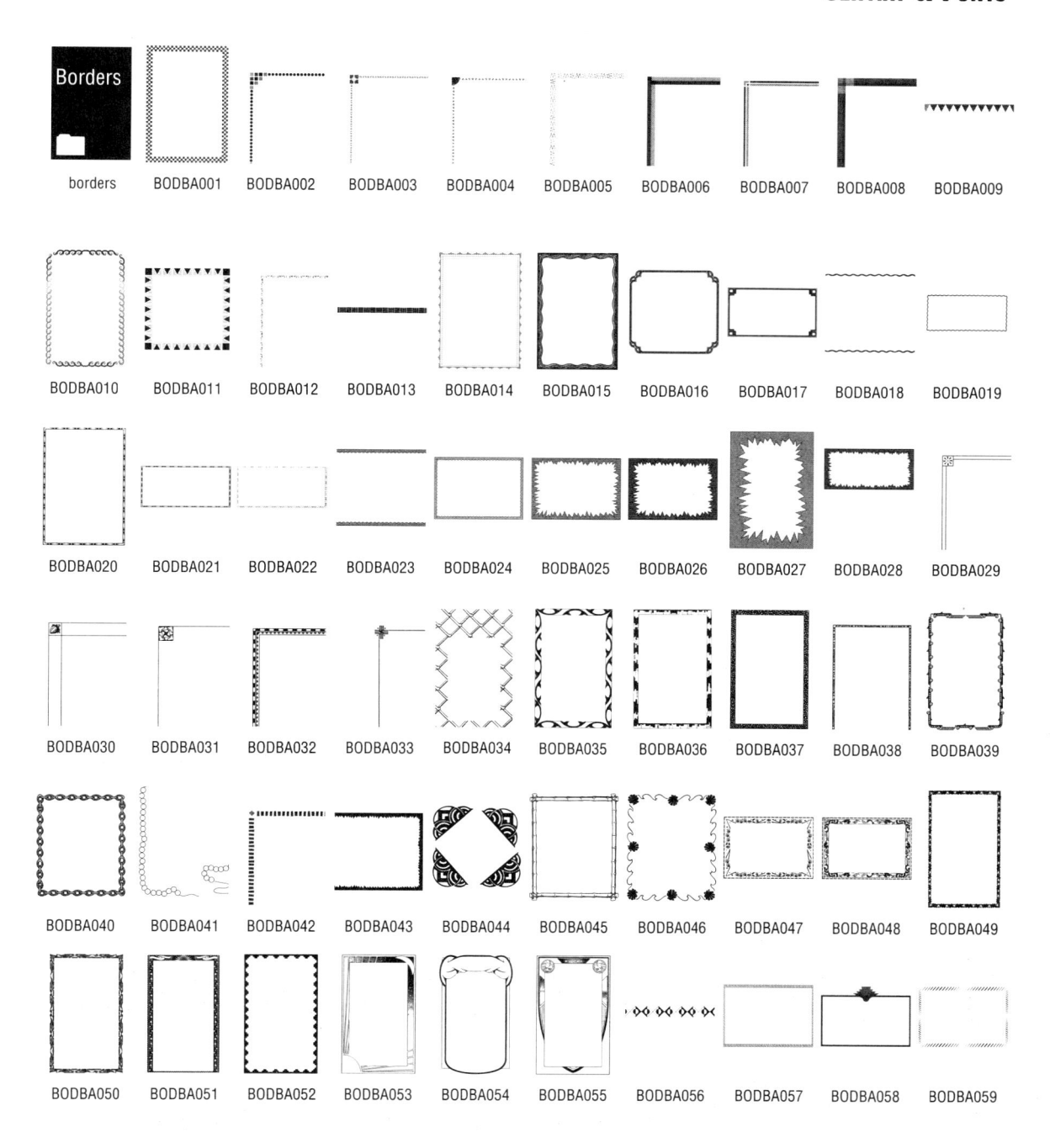

borders

BODBA001	BODBA002	BODBA003	BODBA004	BODBA005	BODBA006	BODBA007	BODBA008	BODBA009		
BODBA010	BODBA011	BODBA012	BODBA013	BODBA014	BODBA015	BODBA016	BODBA017	BODBA018	BODBA019	
BODBA020	BODBA021	BODBA022	BODBA023	BODBA024	BODBA025	BODBA026	BODBA027	BODBA028	BODBA029	
BODBA030	BODBA031	BODBA032	BODBA033	BODBA034	BODBA035	BODBA036	BODBA037	BODBA038	BODBA039	
BODBA040	BODBA041	BODBA042	BODBA043	BODBA044	BODBA045	BODBA046	BODBA047	BODBA048	BODBA049	
BODBA050	BODBA051	BODBA052	BODBA053	BODBA054	BODBA055	BODBA056	BODBA057	BODBA058	BODBA059	

FreeHand

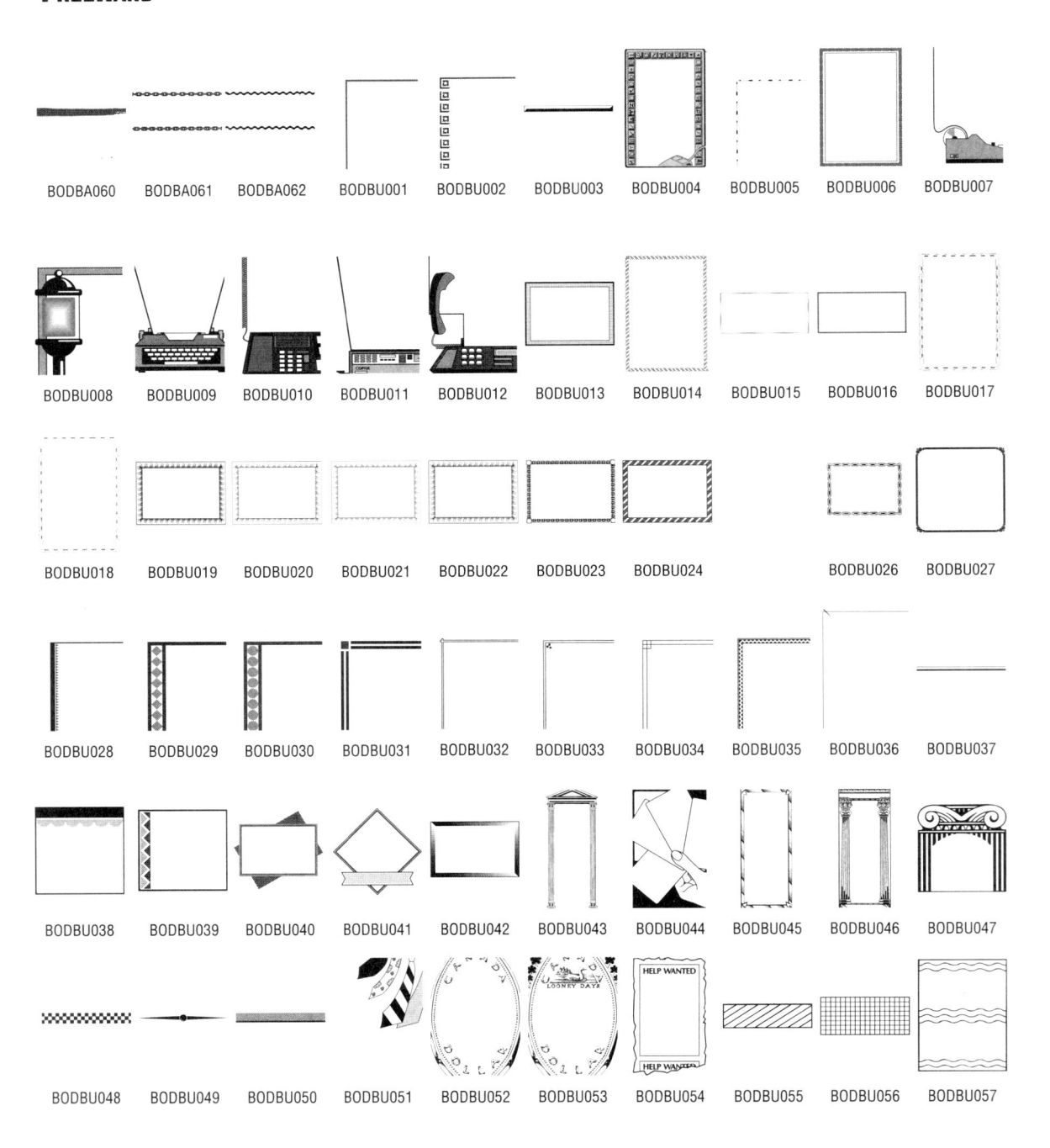

BODBA060	BODBA061	BODBA062
BODBU001	BODBU002	BODBU003
BODBU004	BODBU005	BODBU006
BODBU007	BODBU008	BODBU009
BODBU010	BODBU011	BODBU012
BODBU013	BODBU014	BODBU015
BODBU016	BODBU017	BODBU018
BODBU019	BODBU020	BODBU021
BODBU022	BODBU023	BODBU024
BODBU026	BODBU027	BODBU028
BODBU029	BODBU030	BODBU031
BODBU032	BODBU033	BODBU034
BODBU035	BODBU036	BODBU037
BODBU038	BODBU039	BODBU040
BODBU041	BODBU042	BODBU043
BODBU044	BODBU045	BODBU046
BODBU047	BODBU048	BODBU049
BODBU050	BODBU051	BODBU052
BODBU053	BODBU054	BODBU055
BODBU056	BODBU057	

Clipart & Fonts

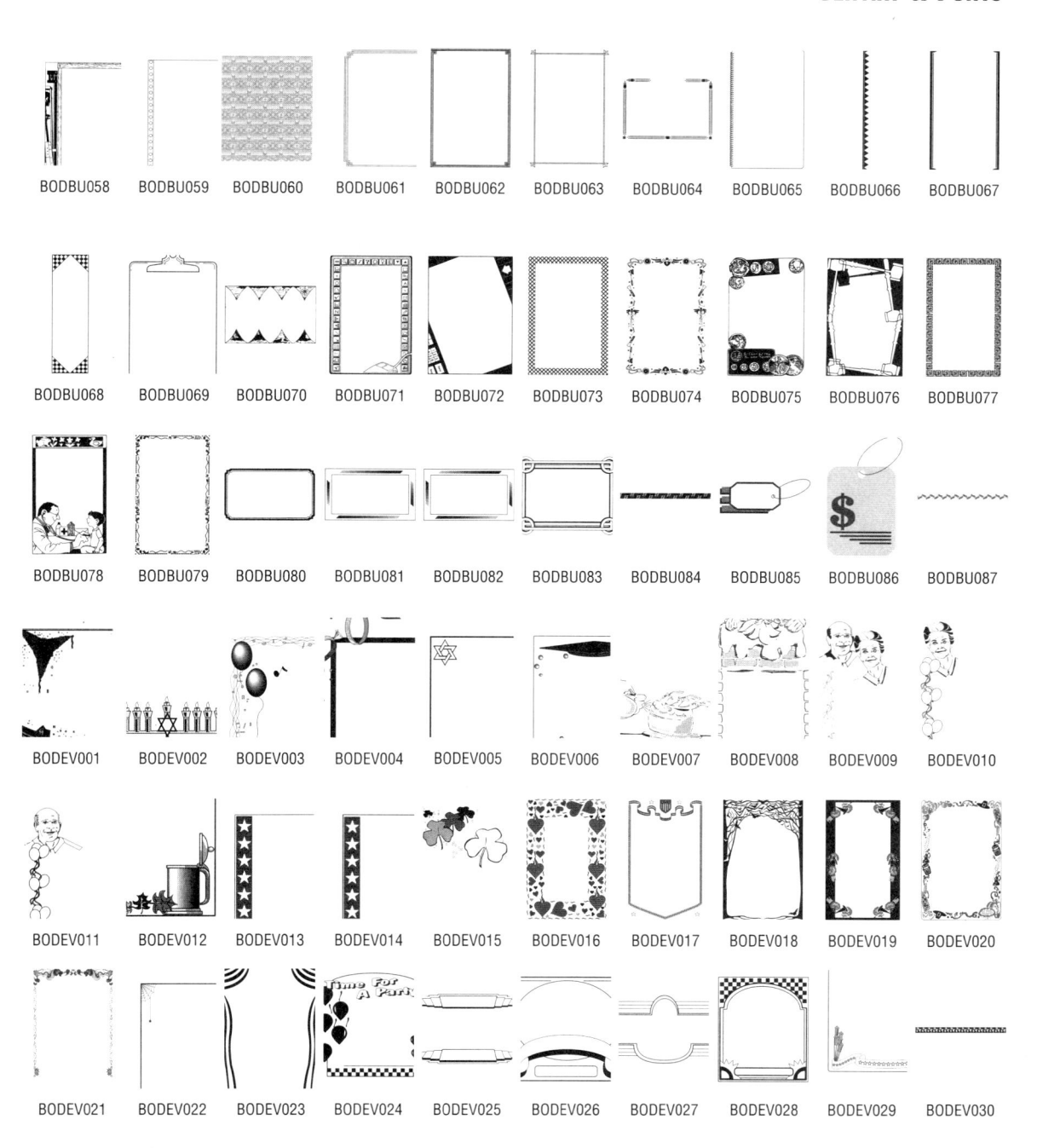

BODBU058	BODBU059	BODBU060	BODBU061	BODBU062	BODBU063	BODBU064	BODBU065	BODBU066	BODBU067
BODBU068	BODBU069	BODBU070	BODBU071	BODBU072	BODBU073	BODBU074	BODBU075	BODBU076	BODBU077
BODBU078	BODBU079	BODBU080	BODBU081	BODBU082	BODBU083	BODBU084	BODBU085	BODBU086	BODBU087
BODEV001	BODEV002	BODEV003	BODEV004	BODEV005	BODEV006	BODEV007	BODEV008	BODEV009	BODEV010
BODEV011	BODEV012	BODEV013	BODEV014	BODEV015	BODEV016	BODEV017	BODEV018	BODEV019	BODEV020
BODEV021	BODEV022	BODEV023	BODEV024	BODEV025	BODEV026	BODEV027	BODEV028	BODEV029	BODEV030

31

FreeHand

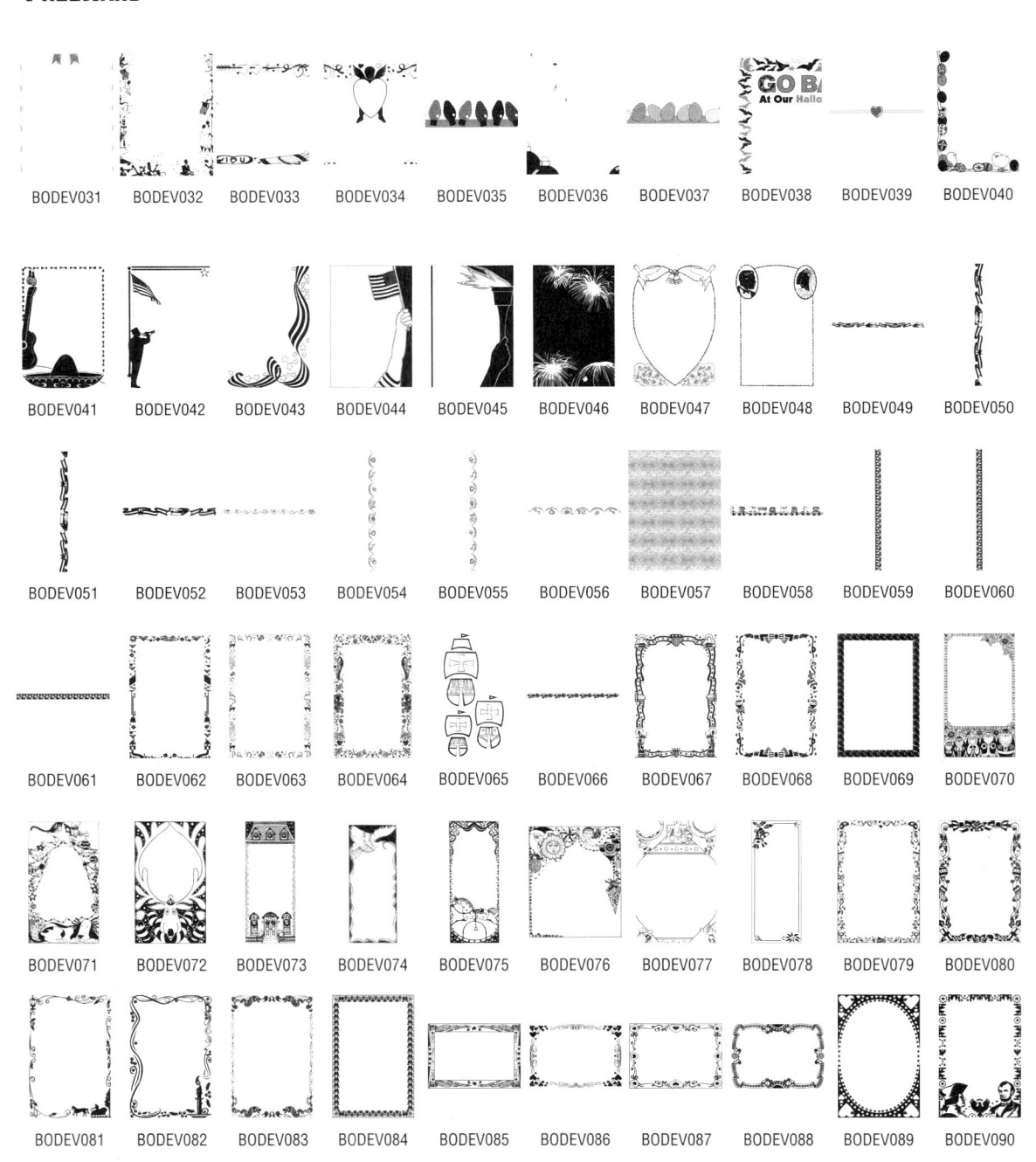

BODEV031	BODEV032	BODEV033	BODEV034	BODEV035	BODEV036	BODEV037	BODEV038	BODEV039	BODEV040
BODEV041	BODEV042	BODEV043	BODEV044	BODEV045	BODEV046	BODEV047	BODEV048	BODEV049	BODEV050
BODEV051	BODEV052	BODEV053	BODEV054	BODEV055	BODEV056	BODEV057	BODEV058	BODEV059	BODEV060
BODEV061	BODEV062	BODEV063	BODEV064	BODEV065	BODEV066	BODEV067	BODEV068	BODEV069	BODEV070
BODEV071	BODEV072	BODEV073	BODEV074	BODEV075	BODEV076	BODEV077	BODEV078	BODEV079	BODEV080
BODEV081	BODEV082	BODEV083	BODEV084	BODEV085	BODEV086	BODEV087	BODEV088	BODEV089	BODEV090

Clipart & Fonts

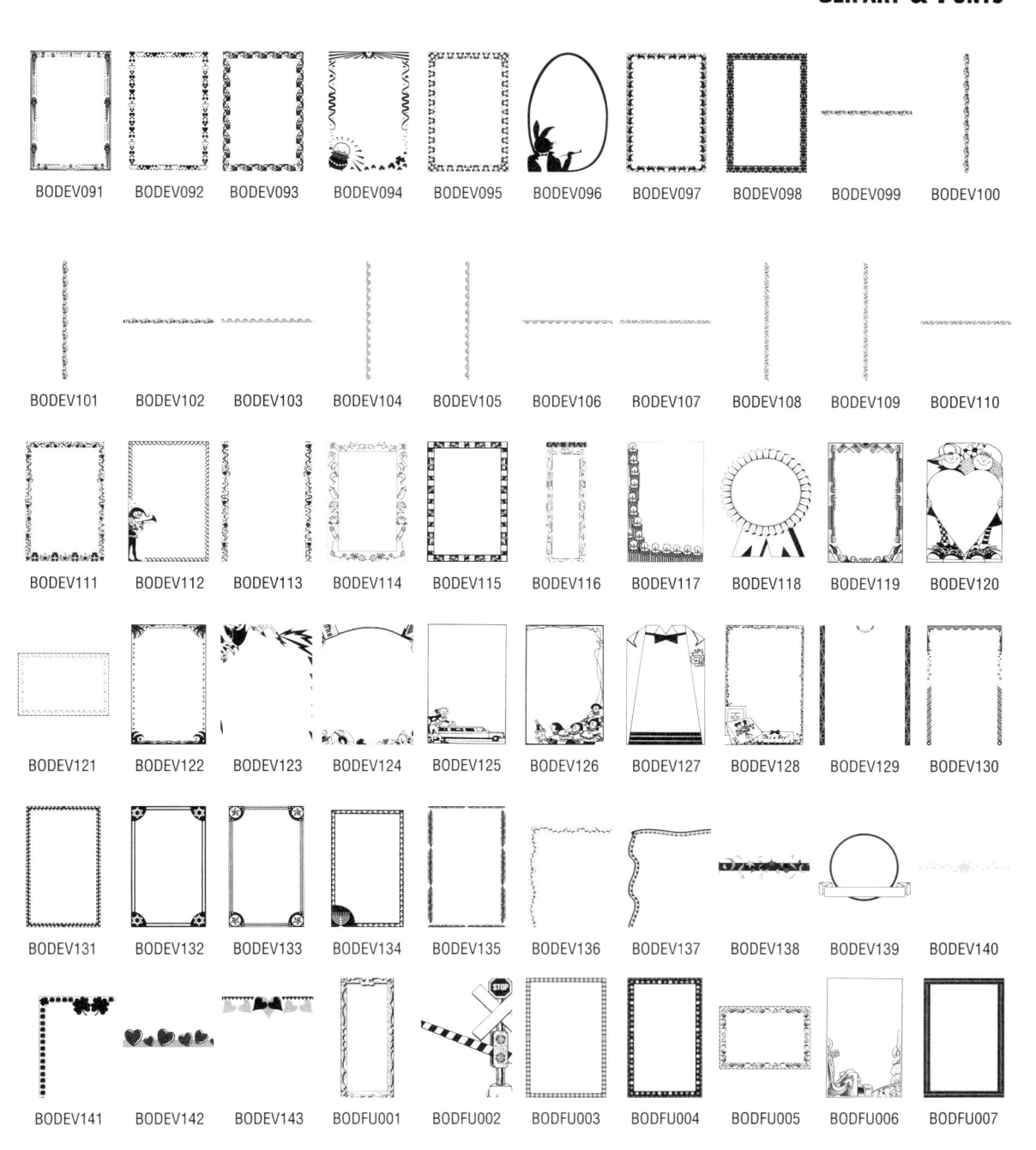

BODEV091	BODEV092	BODEV093	BODEV094	BODEV095	BODEV096	BODEV097	BODEV098	BODEV099	BODEV100
BODEV101	BODEV102	BODEV103	BODEV104	BODEV105	BODEV106	BODEV107	BODEV108	BODEV109	BODEV110
BODEV111	BODEV112	BODEV113	BODEV114	BODEV115	BODEV116	BODEV117	BODEV118	BODEV119	BODEV120
BODEV121	BODEV122	BODEV123	BODEV124	BODEV125	BODEV126	BODEV127	BODEV128	BODEV129	BODEV130
BODEV131	BODEV132	BODEV133	BODEV134	BODEV135	BODEV136	BODEV137	BODEV138	BODEV139	BODEV140
BODEV141	BODEV142	BODEV143	BODFU001	BODFU002	BODFU003	BODFU004	BODFU005	BODFU006	BODFU007

FreeHand

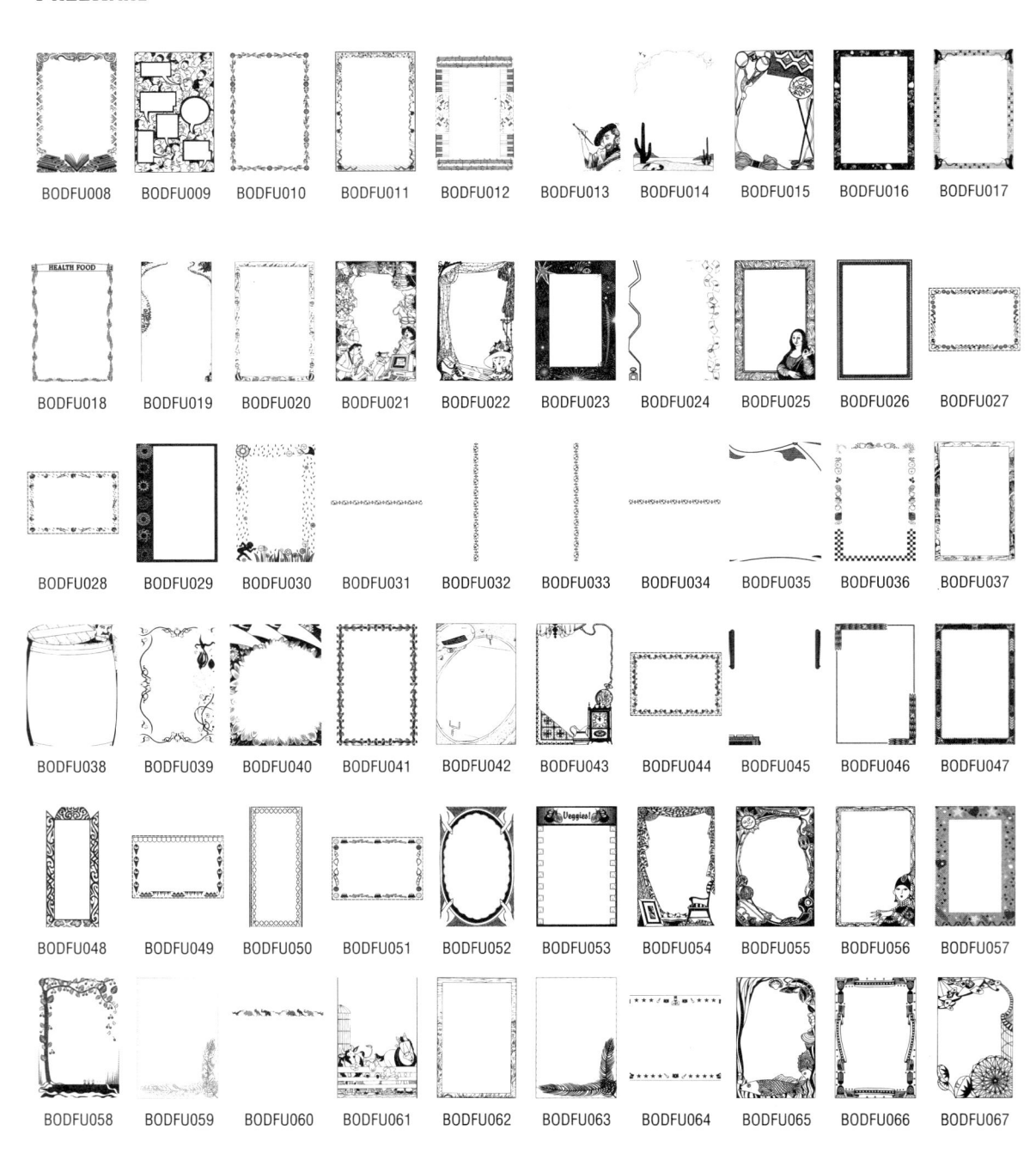

BODFU008	BODFU009	BODFU010	BODFU011	BODFU012	BODFU013	BODFU014	BODFU015	BODFU016	BODFU017
BODFU018	BODFU019	BODFU020	BODFU021	BODFU022	BODFU023	BODFU024	BODFU025	BODFU026	BODFU027
BODFU028	BODFU029	BODFU030	BODFU031	BODFU032	BODFU033	BODFU034	BODFU035	BODFU036	BODFU037
BODFU038	BODFU039	BODFU040	BODFU041	BODFU042	BODFU043	BODFU044	BODFU045	BODFU046	BODFU047
BODFU048	BODFU049	BODFU050	BODFU051	BODFU052	BODFU053	BODFU054	BODFU055	BODFU056	BODFU057
BODFU058	BODFU059	BODFU060	BODFU061	BODFU062	BODFU063	BODFU064	BODFU065	BODFU066	BODFU067

Clipart & Fonts

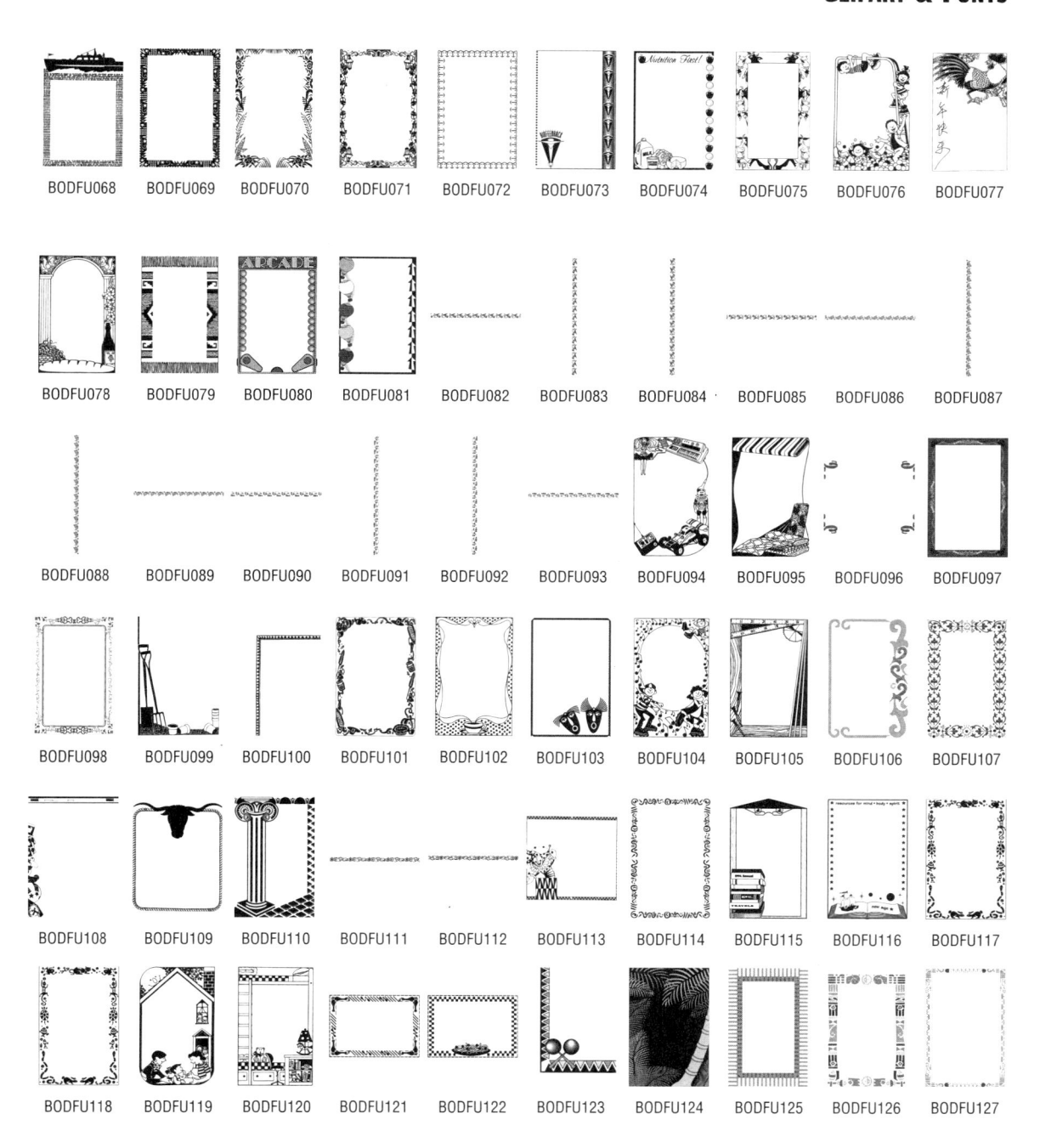

BODFU068	BODFU069	BODFU070	BODFU071
BODFU072	BODFU073	BODFU074	BODFU075
BODFU076	BODFU077		
BODFU078	BODFU079	BODFU080	BODFU081
BODFU082	BODFU083	BODFU084	BODFU085
BODFU086	BODFU087		
BODFU088	BODFU089	BODFU090	BODFU091
BODFU092	BODFU093	BODFU094	BODFU095
BODFU096	BODFU097		
BODFU098	BODFU099	BODFU100	BODFU101
BODFU102	BODFU103	BODFU104	BODFU105
BODFU106	BODFU107		
BODFU108	BODFU109	BODFU110	BODFU111
BODFU112	BODFU113	BODFU114	BODFU115
BODFU116	BODFU117		
BODFU118	BODFU119	BODFU120	BODFU121
BODFU122	BODFU123	BODFU124	BODFU125
BODFU126	BODFU127		

FreeHand

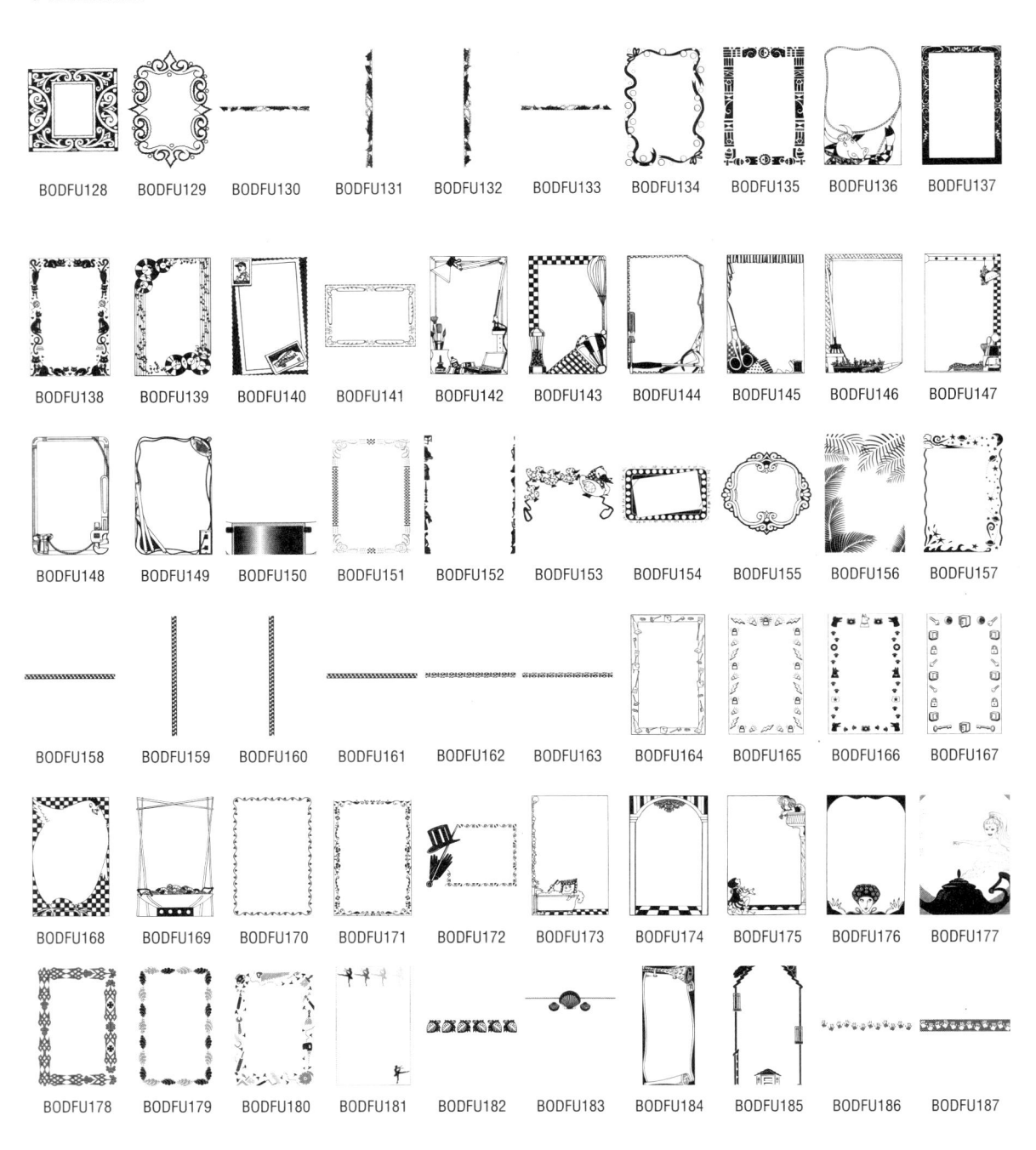

BODFU128	BODFU129	BODFU130	BODFU131	BODFU132	BODFU133	BODFU134	BODFU135	BODFU136	BODFU137
BODFU138	BODFU139	BODFU140	BODFU141	BODFU142	BODFU143	BODFU144	BODFU145	BODFU146	BODFU147
BODFU148	BODFU149	BODFU150	BODFU151	BODFU152	BODFU153	BODFU154	BODFU155	BODFU156	BODFU157
BODFU158	BODFU159	BODFU160	BODFU161	BODFU162	BODFU163	BODFU164	BODFU165	BODFU166	BODFU167
BODFU168	BODFU169	BODFU170	BODFU171	BODFU172	BODFU173	BODFU174	BODFU175	BODFU176	BODFU177
BODFU178	BODFU179	BODFU180	BODFU181	BODFU182	BODFU183	BODFU184	BODFU185	BODFU186	BODFU187

Clipart & Fonts

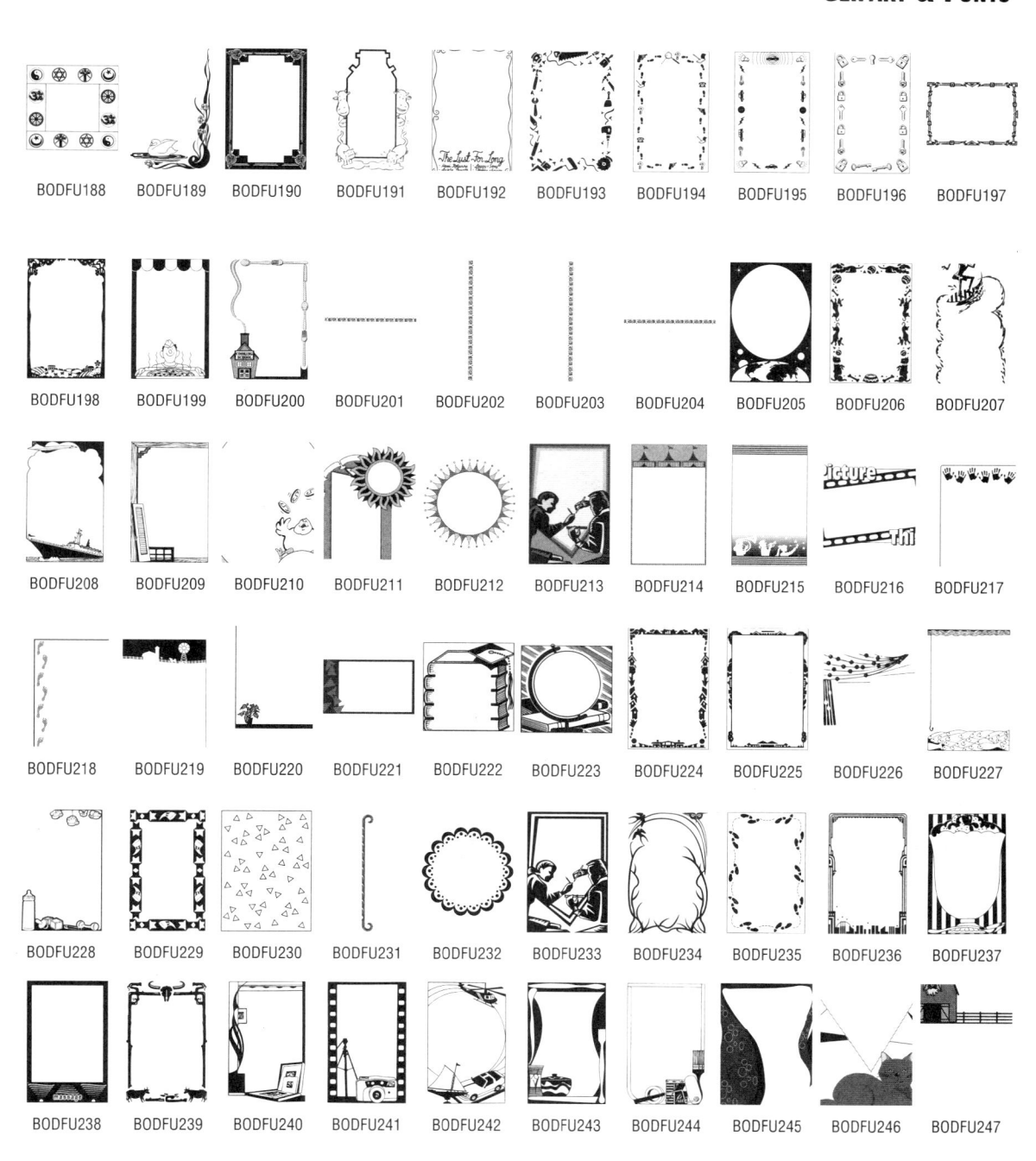

BODFU188	BODFU189	BODFU190	BODFU191	BODFU192	BODFU193	BODFU194	BODFU195	BODFU196	BODFU197
BODFU198	BODFU199	BODFU200	BODFU201	BODFU202	BODFU203	BODFU204	BODFU205	BODFU206	BODFU207
BODFU208	BODFU209	BODFU210	BODFU211	BODFU212	BODFU213	BODFU214	BODFU215	BODFU216	BODFU217
BODFU218	BODFU219	BODFU220	BODFU221	BODFU222	BODFU223	BODFU224	BODFU225	BODFU226	BODFU227
BODFU228	BODFU229	BODFU230	BODFU231	BODFU232	BODFU233	BODFU234	BODFU235	BODFU236	BODFU237
BODFU238	BODFU239	BODFU240	BODFU241	BODFU242	BODFU243	BODFU244	BODFU245	BODFU246	BODFU247

FreeHand

BODFU248	BODFU249	BODFU250	BODFU251	BODFU252	BODFU253	BODFU254	BODFU255	BODFU256	BODFU257
BODFU258	BODFU259	BODFU260	BODFU261	BODFU262	BODFU263	BODFU264	BODFU265	BODFU266	BODFU267
BODFU268	BODFU269	BODFU270	BODFU271	BODFU272	BODFU273	BODFU274	BODFU275	BODFU276	BODFU277
BODFU278	BODFU279	BODFU280	BODFU281	BODFU282	BODFU283	BODFU284	BODFU285	BODFU286	BODFU287
BODFU288	BODFU289	BODFU290	BODFU291	BODFU292	BODFU293	BODFU294	BODFU295	BODFU296	BODFU297
BODSE001	BODSE002	BODSE003	BODSE004	BODSE005	BODSE006	BODSE007	BODSE008	BODSE009	BODSE010

Clipart & Fonts

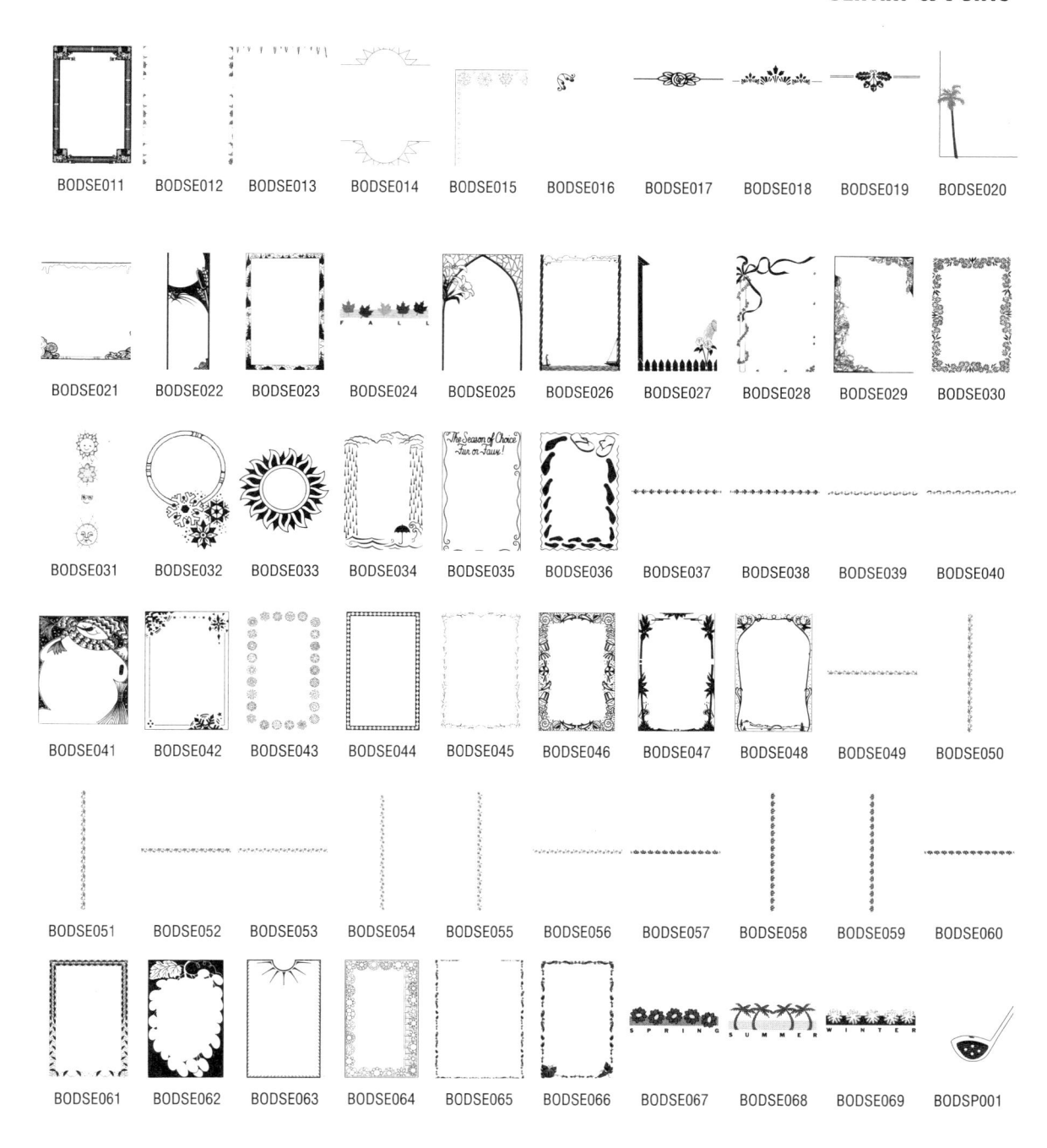

BODSE011	BODSE012	BODSE013	BODSE014	BODSE015	BODSE016	BODSE017	BODSE018	BODSE019	BODSE020	
BODSE021	BODSE022	BODSE023	BODSE024	BODSE025	BODSE026	BODSE027	BODSE028	BODSE029	BODSE030	
BODSE031	BODSE032	BODSE033	BODSE034	BODSE035	BODSE036	BODSE037	BODSE038	BODSE039	BODSE040	
BODSE041	BODSE042	BODSE043	BODSE044	BODSE045	BODSE046	BODSE047	BODSE048	BODSE049	BODSE050	
BODSE051	BODSE052	BODSE053	BODSE054	BODSE055	BODSE056	BODSE057	BODSE058	BODSE059	BODSE060	
BODSE061	BODSE062	BODSE063	BODSE064	BODSE065	BODSE066	BODSE067	BODSE068	BODSE069	BODSP001	

FreeHand

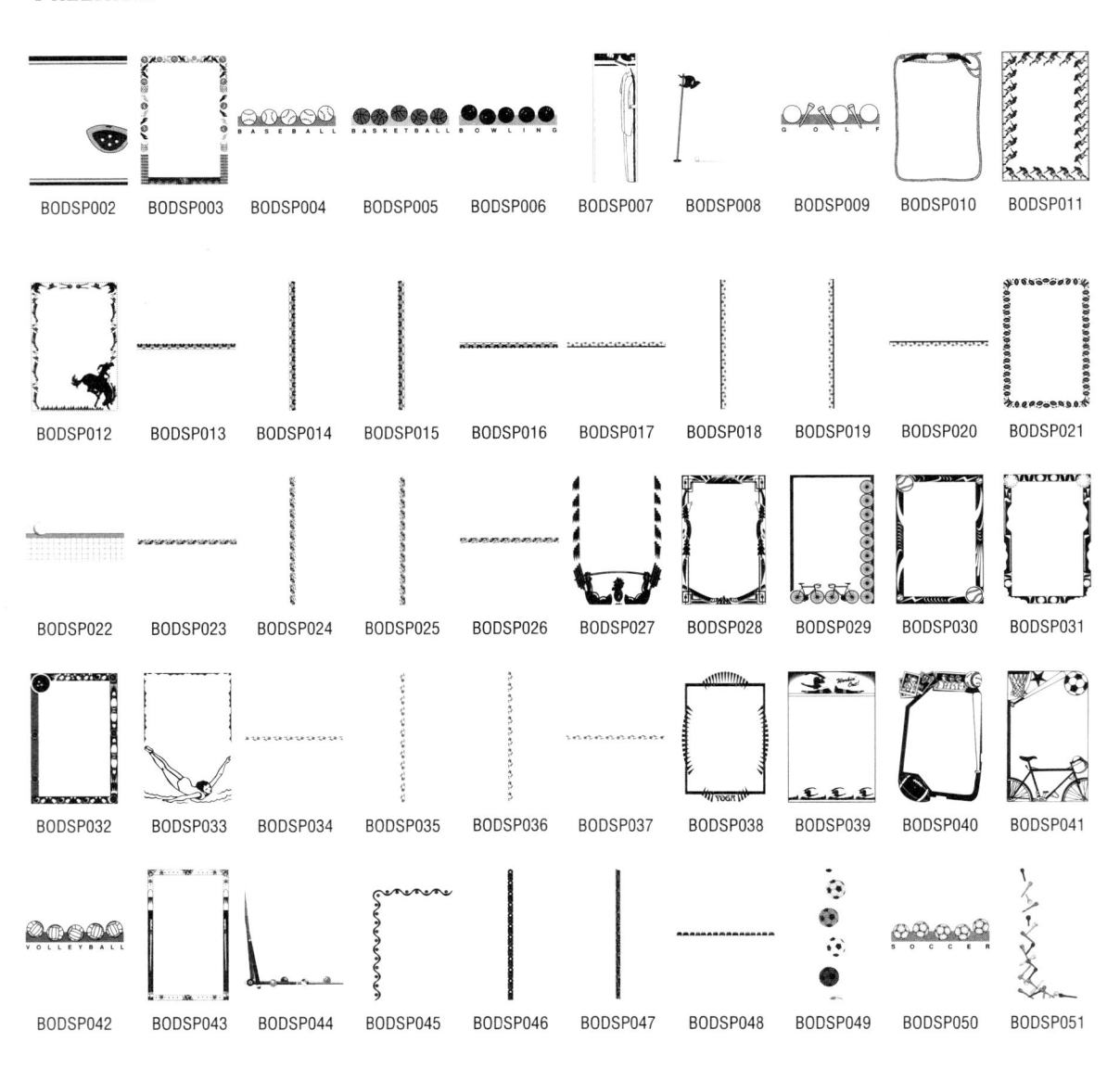

| BODSP002 | BODSP003 | BODSP004 | BODSP005 | BODSP006 | BODSP007 | BODSP008 | BODSP009 | BODSP010 | BODSP011 |

| BODSP012 | BODSP013 | BODSP014 | BODSP015 | BODSP016 | BODSP017 | BODSP018 | BODSP019 | BODSP020 | BODSP021 |

| BODSP022 | BODSP023 | BODSP024 | BODSP025 | BODSP026 | BODSP027 | BODSP028 | BODSP029 | BODSP030 | BODSP031 |

| BODSP032 | BODSP033 | BODSP034 | BODSP035 | BODSP036 | BODSP037 | BODSP038 | BODSP039 | BODSP040 | BODSP041 |

| BODSP042 | BODSP043 | BODSP044 | BODSP045 | BODSP046 | BODSP047 | BODSP048 | BODSP049 | BODSP050 | BODSP051 |

BODSP052

Clipart & Fonts

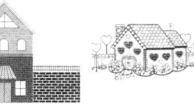

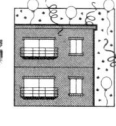

building	BLDCH001	BLDCH002	BLDCH003
BLDCH004	BLDCH005	BLDCH006	BLDCH007
BLDCH008	BLDCH009	BLDCH010	BLDCH011
BLDCH012	BLDCH013	BLDCH014	BLDFA001
BLDFA002	BLDFA003	BLDFA004	BLDFA005
BLDFA006	BLDFA007	BLDHO001	BLDHO002
BLDHO003	BLDHO004	BLDHO005	BLDHO006
BLDHO007	BLDHO008	BLDHO009	BLDHO010
BLDHO011	BLDHO012	BLDHO013	BLDHO014
BLDHO015	BLDHO016	BLDHO017	BLDHO018
BLDHO019	BLDHO020	BLDHO021	BLDHO022
BLDHO023	BLDHO024	BLDHO025	BLDHO026
BLDHO027	BLDHO028	BLDHO029	BLDHO030
BLDHO031	BLDHO032	BLDHO033	BLDHO034
BLDHO035	BLDHO036	BLDHO037	BLDHO038

FreeHand

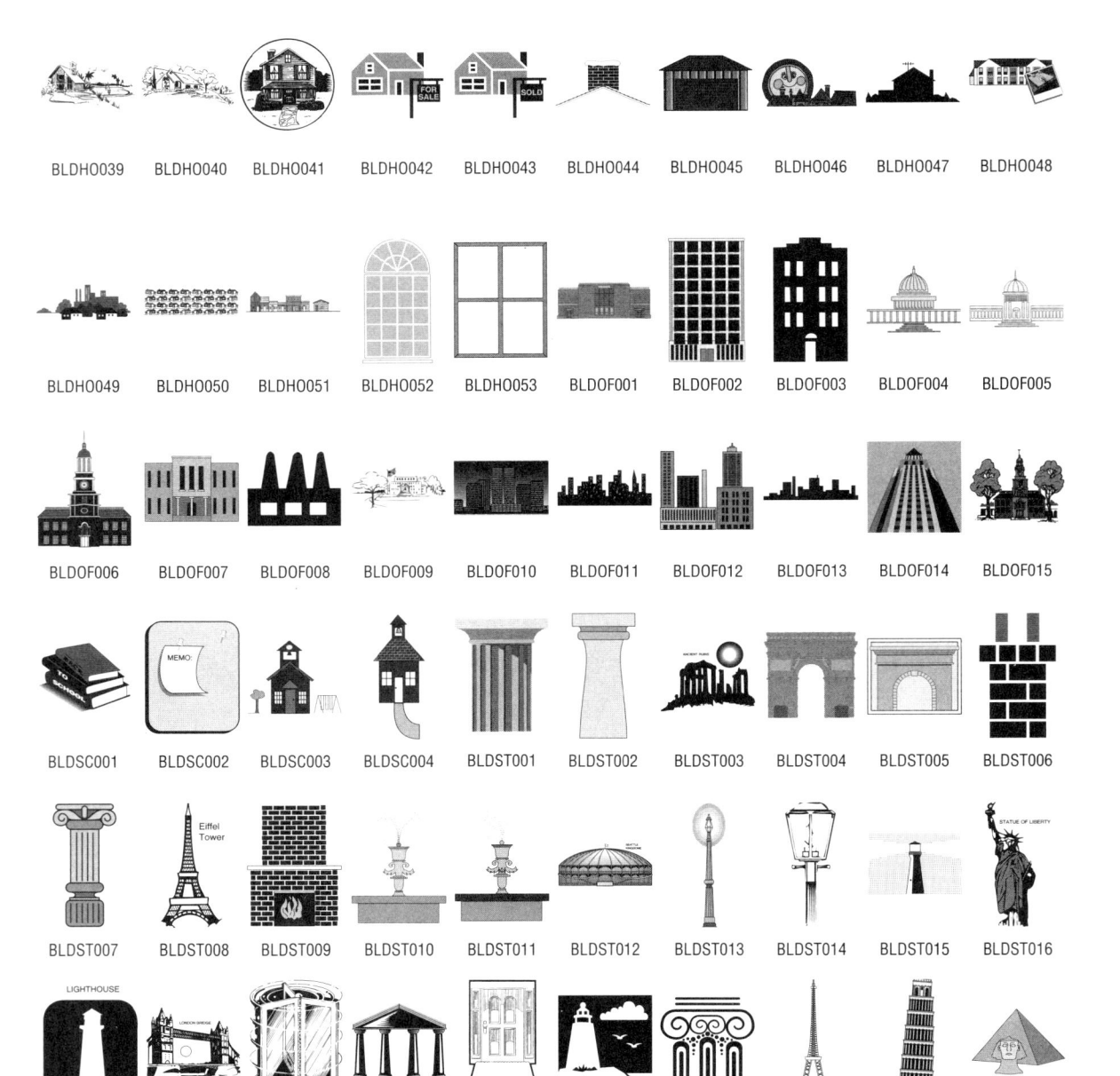

BLDH0039	BLDH0040	BLDH0041	BLDH0042	BLDH0043	BLDH0044	BLDH0045	BLDH0046	BLDH0047	BLDH0048
BLDH0049	BLDH0050	BLDH0051	BLDH0052	BLDH0053	BLDOF001	BLDOF002	BLDOF003	BLDOF004	BLDOF005
BLDOF006	BLDOF007	BLDOF008	BLDOF009	BLDOF010	BLDOF011	BLDOF012	BLDOF013	BLDOF014	BLDOF015
BLDSC001	BLDSC002	BLDSC003	BLDSC004	BLDST001	BLDST002	BLDST003	BLDST004	BLDST005	BLDST006
BLDST007	BLDST008	BLDST009	BLDST010	BLDST011	BLDST012	BLDST013	BLDST014	BLDST015	BLDST016
BLDST017	BLDST018	BLDST019	BLDST020	BLDST021	BLDST022	BLDST023	BLDST024	BLDST025	BLDST026

Clipart & Fonts

| BLDST027 |  BLDST028 | 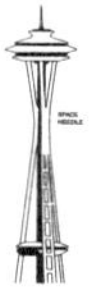 BLDST029 |  BLDST030 |  BLDST031 |  BLDST032 |  BLDST033 |  BLDST034 |  BLDST035 |  BLDST036 |

| BLDST037 |  BLDST038 |  BLDST039 | BLDST040 | BLDST041 | BLDST042 |  BLDST043 |  BLDST044 |

FreeHand

bullets · BULCI001 · BULCI002 · BULCI003 · BULCI004 · BULCI005 · BULCI006 · BULCI007 · BULCI008 · BULCI009

BULCI010 · BULCI011 · BULCI012 · BULCI013 · BULCI014 · BULCI015 · BULCI016 · BULCI017 · BULCI018 · BULCI019

BULCI020 · BULCI021 · BULCI022 · BULCI023 · BULCI024 · BULCI025 · BULCI026 · BULCI027 · BULCI028 · BULCI029

BULCI030 · BULCI031 · BULCI032 · BULSQ001 · BULSQ002 · BULSQ003 · BULSQ004 · BULSQ005 · BULSQ006 · BULSQ007

BULSQ008 · BULSQ009 · BULSQ010 · BULSQ011 · BULSQ012 · BULSQ013 · BULSQ014 · BULSQ015 · BULSQ016 · BULSQ017

BULSQ018 · BULSQ019 · BULSQ020 · BULSQ021 · BULSQ022 · BULSQ023 · BULSQ024 · BULSQ025 · BULSQ026 · BULSQ027

Clipart & Fonts

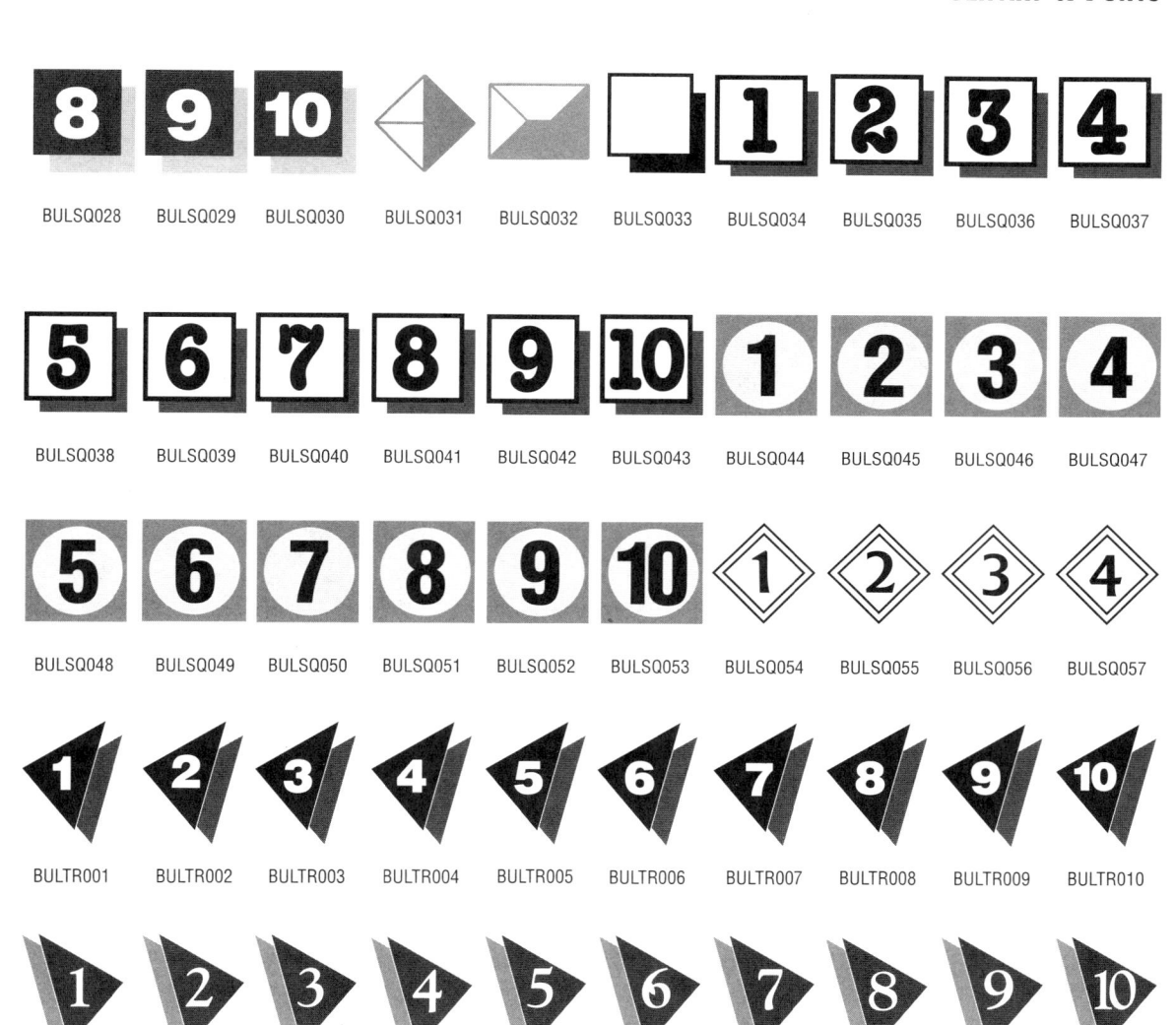

BULSQ028	BULSQ029	BULSQ030	BULSQ031	BULSQ032	BULSQ033	BULSQ034	BULSQ035	BULSQ036	BULSQ037
BULSQ038	BULSQ039	BULSQ040	BULSQ041	BULSQ042	BULSQ043	BULSQ044	BULSQ045	BULSQ046	BULSQ047
BULSQ048	BULSQ049	BULSQ050	BULSQ051	BULSQ052	BULSQ053	BULSQ054	BULSQ055	BULSQ056	BULSQ057
BULTR001	BULTR002	BULTR003	BULTR004	BULTR005	BULTR006	BULTR007	BULTR008	BULTR009	BULTR010
BULTR011	BULTR012	BULTR013	BULTR014	BULTR015	BULTR016	BULTR017	BULTR018	BULTR019	BULTR020

FreeHand

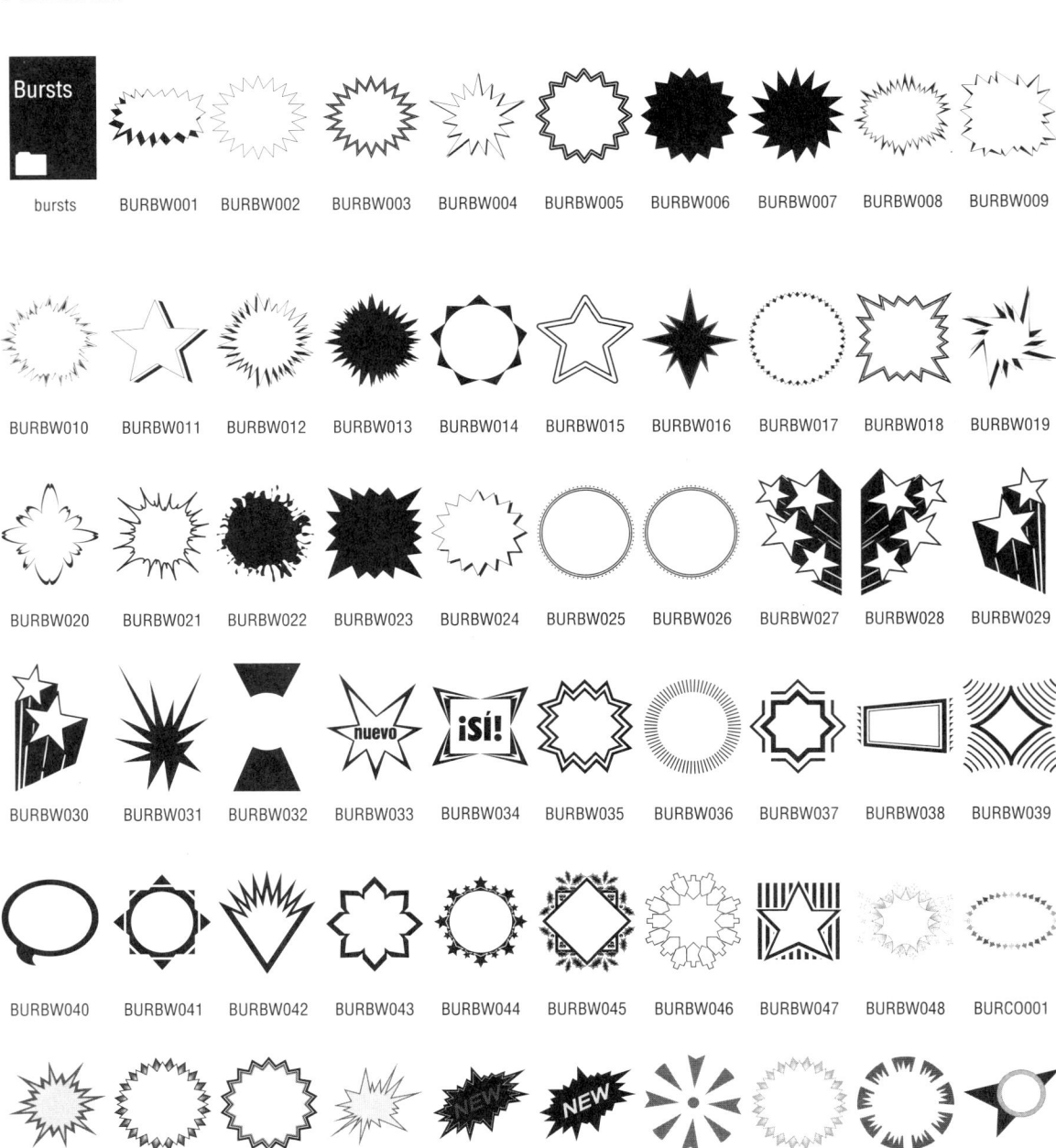

bursts

| BURBW001 | BURBW002 | BURBW003 | BURBW004 | BURBW005 | BURBW006 | BURBW007 | BURBW008 | BURBW009 |

| BURBW010 | BURBW011 | BURBW012 | BURBW013 | BURBW014 | BURBW015 | BURBW016 | BURBW017 | BURBW018 | BURBW019 |

| BURBW020 | BURBW021 | BURBW022 | BURBW023 | BURBW024 | BURBW025 | BURBW026 | BURBW027 | BURBW028 | BURBW029 |

| BURBW030 | BURBW031 | BURBW032 | BURBW033 | BURBW034 | BURBW035 | BURBW036 | BURBW037 | BURBW038 | BURBW039 |

| BURBW040 | BURBW041 | BURBW042 | BURBW043 | BURBW044 | BURBW045 | BURBW046 | BURBW047 | BURBW048 | BURCO001 |

| BURCO002 | BURCO003 | BURCO004 | BURCO005 | BURCO006 | BURCO007 | BURCO008 | BURCO009 | BURCO010 | BURCO011 |

Clipart & Fonts

| BURCO012 | BURCO013 | BURCO014 | BURCO015 | BURCO016 | BURCO017 | BURCO018 | BURCO019 | BURCO020 | BURCO021 |

FreeHand

business	BIZEQ001	BIZEQ002	BIZEQ003
BIZEQ004	BIZEQ005	BIZEQ006	BIZEQ007
BIZEQ008	BIZEQ009	BIZEQ010	BIZEQ011
BIZEQ012	BIZEQ013	BIZEQ014	BIZEQ015
BIZEQ016	BIZEQ017	BIZEQ018	BIZEQ019
BIZEQ020	BIZEQ021	BIZEQ022	BIZEQ023
BIZEQ024	BIZEQ025	BIZFI001	BIZFI002
BIZFI003	BIZFI004	BIZFI005	BIZFI006
BIZFI007	BIZFI008	BIZFI009	BIZFI010
BIZFI011	BIZFI012	BIZFI013	BIZFI014
BIZFI015	BIZFI016	BIZFI017	BIZFI018
BIZFI019	BIZFI020	BIZFI021	BIZFI022
BIZFI023	BIZFI024	BIZFI025	BIZFI026
BIZFI027	BIZFI028	BIZFI029	BIZFI030
BIZFI031	BIZFI032	BIZFI033	BIZFI034

Clipart & Fonts

BIZFI035	BIZFI036	BIZFI037	BIZFI038	BIZFI039	BIZFI040	BIZFI041	BIZFI042	BIZFI043	BIZFI044	
BIZFI045	BIZFI046	BIZFI047	BIZFI048	BIZFI049	BIZFI050	BIZFI051	BIZFI052	BIZFI053	BIZFI054	
BIZFI055	BIZFI056	BIZFI057	BIZFI058	BIZFI059	BIZFI060	BIZFI061	BIZFI062	BIZFI063	BIZFI064	
BIZFI065	BIZFI066	BIZFI067	BIZFI068	BIZFI069	BIZFI070	BIZFI071	BIZFI072	BIZFI073	BIZFI074	
BIZFI075	BIZFI076	BIZFI077	BIZFI078	BIZFI079	BIZFI080	BIZFI081	BIZFI082	BIZFI083	BIZFI084	
BIZFI085	BIZFI086	BIZFI087	BIZFI088	BIZFI089	BIZFI090	BIZFI091	BIZFI092	BIZFI093	BIZFI094	

FreeHand

BIZFI095	BIZFI096	BIZFI097	BIZFI098	BIZFI099	BIZFI100	BIZFI101	BIZFI102	BIZFI103	BIZFI104
BIZFI105	BIZFI106	BIZFI107	BIZFI108	BIZFI109	BIZFI110	BIZHE001	BIZHE002	BIZHE003	BIZHE004
BIZHE005	BIZHE006	BIZHE007	BIZHE008	BIZHE009	BIZHE010	BIZHE011	BIZHE012	BIZHE013	BIZHE014
BIZOS001	BIZOS002	BIZOS003	BIZOS004	BIZOS005	BIZOS006	BIZOS007	BIZOS008	BIZOS009	BIZOS010
BIZOS011	BIZOS012	BIZOS013	BIZOS014	BIZOS015	BIZOS016	BIZOS017	BIZOS018	BIZOS019	BIZOS020
BIZOS021	BIZOS022	BIZOS023	BIZOS024	BIZOS025	BIZOS026	BIZOS027	BIZOS028	BIZOS029	BIZOS030

Clipart & Fonts

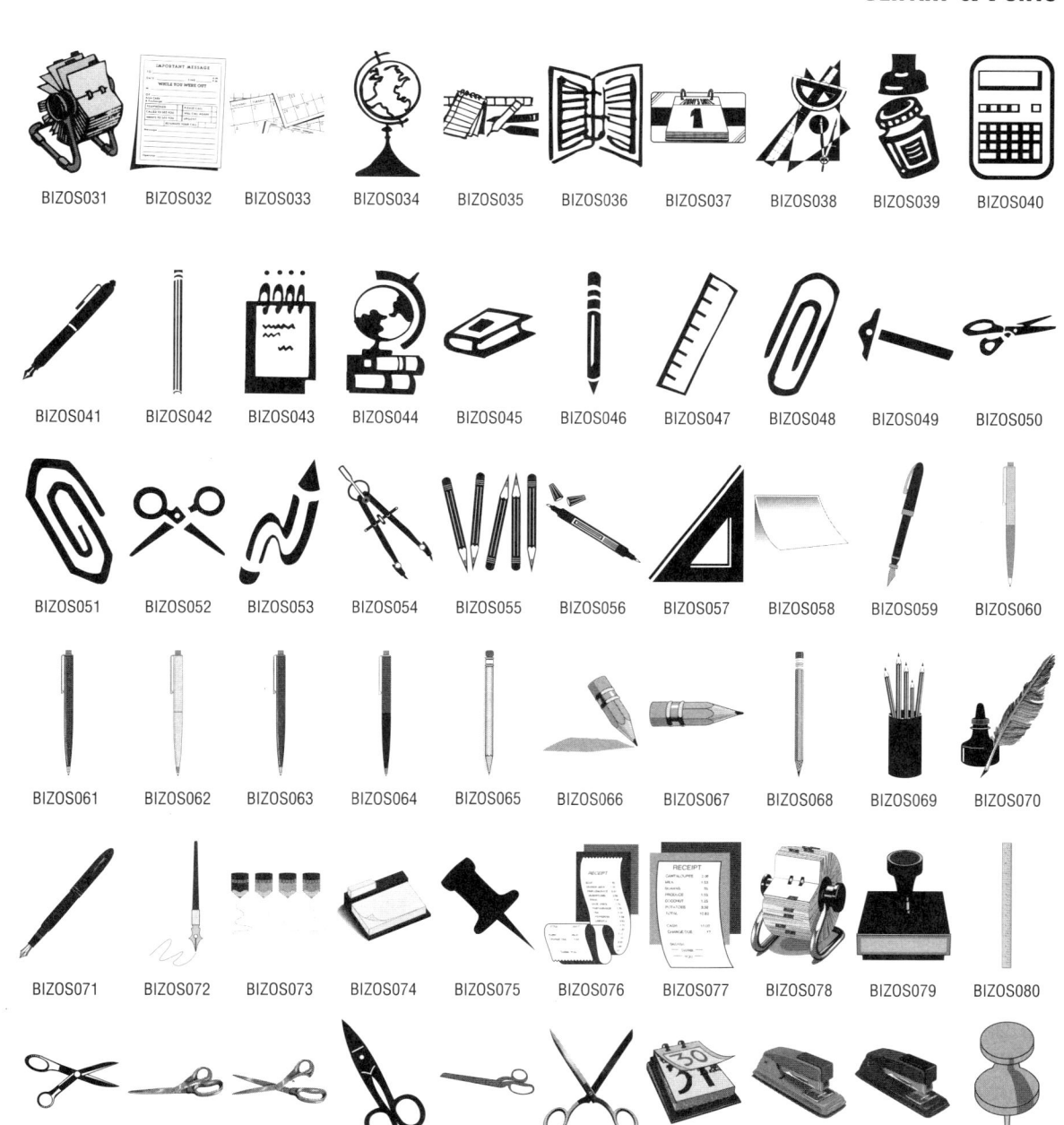

BIZOS031	BIZOS032	BIZOS033
BIZOS034	BIZOS035	BIZOS036
BIZOS037	BIZOS038	BIZOS039
BIZOS040	BIZOS041	BIZOS042
BIZOS043	BIZOS044	BIZOS045
BIZOS046	BIZOS047	BIZOS048
BIZOS049	BIZOS050	BIZOS051
BIZOS052	BIZOS053	BIZOS054
BIZOS055	BIZOS056	BIZOS057
BIZOS058	BIZOS059	BIZOS060
BIZOS061	BIZOS062	BIZOS063
BIZOS064	BIZOS065	BIZOS066
BIZOS067	BIZOS068	BIZOS069
BIZOS070	BIZOS071	BIZOS072
BIZOS073	BIZOS074	BIZOS075
BIZOS076	BIZOS077	BIZOS078
BIZOS079	BIZOS080	BIZOS081
BIZOS082	BIZOS083	BIZOS084
BIZOS085	BIZOS086	BIZOS087
BIZOS088	BIZOS089	BIZOS090

FreeHand

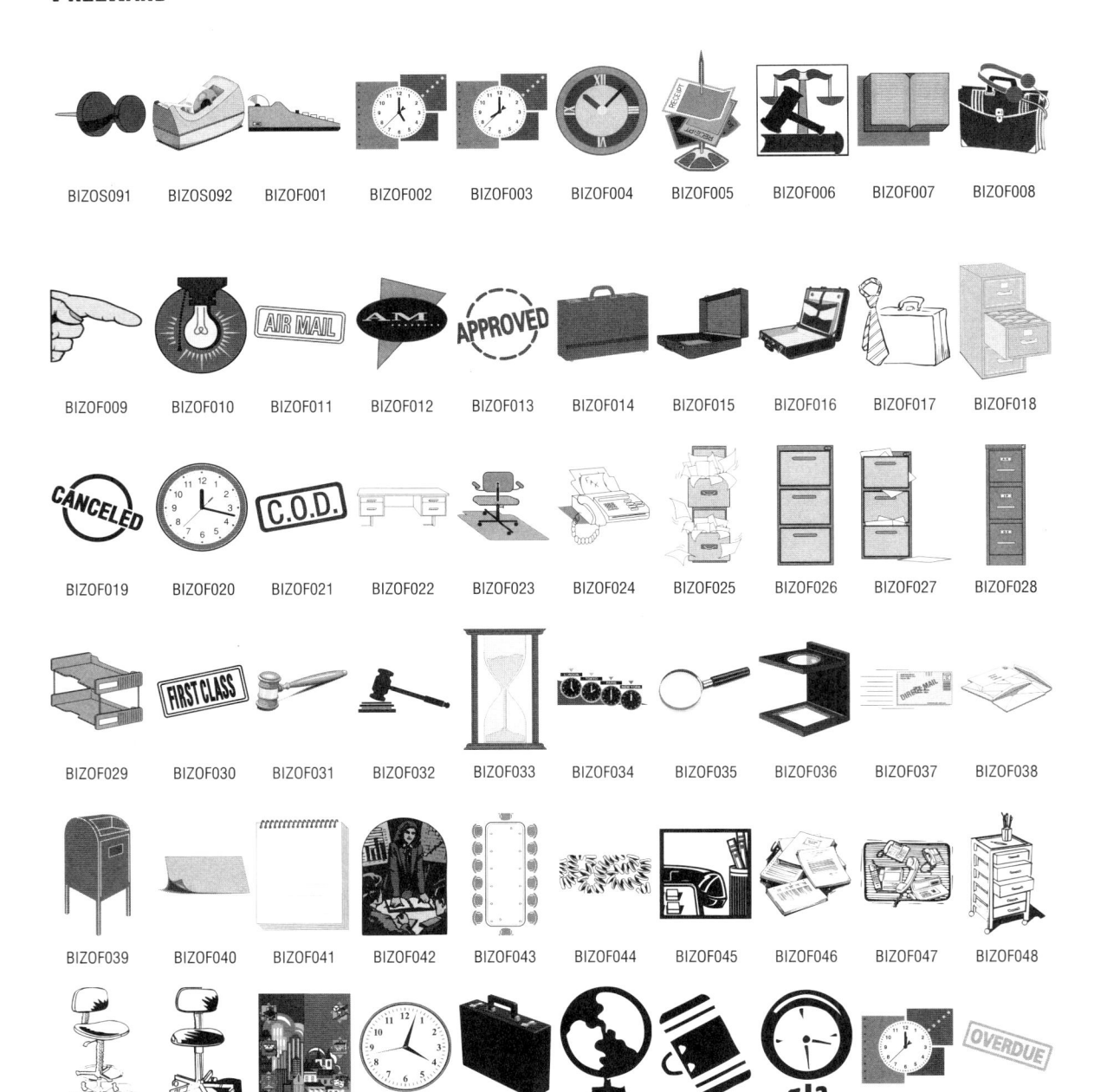

BIZOS091	BIZOS092	BIZOF001
BIZOF002	BIZOF003	BIZOF004
BIZOF005	BIZOF006	BIZOF007
BIZOF008	BIZOF009	BIZOF010
BIZOF011	BIZOF012	BIZOF013
BIZOF014	BIZOF015	BIZOF016
BIZOF017	BIZOF018	BIZOF019
BIZOF020	BIZOF021	BIZOF022
BIZOF023	BIZOF024	BIZOF025
BIZOF026	BIZOF027	BIZOF028
BIZOF029	BIZOF030	BIZOF031
BIZOF032	BIZOF033	BIZOF034
BIZOF035	BIZOF036	BIZOF037
BIZOF038	BIZOF039	BIZOF040
BIZOF041	BIZOF042	BIZOF043
BIZOF044	BIZOF045	BIZOF046
BIZOF047	BIZOF048	BIZOF049
BIZOF050	BIZOF051	BIZOF052
BIZOF053	BIZOF054	BIZOF055
BIZOF056	BIZOF057	BIZOF058

Clipart & Fonts

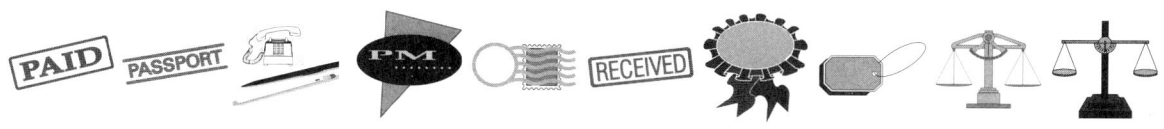

| BIZOF059 | BIZOF060 | BIZOF061 | BIZOF062 | BIZOF063 | BIZOF064 | BIZOF065 | BIZOF066 | BIZOF067 | BIZOF068 |

| BIZOF069 | BIZOF070 | 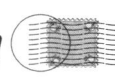 BIZOF071 | 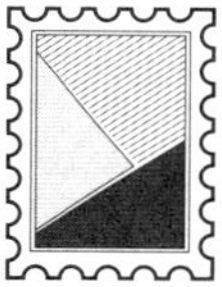 BIZOF072 |  BIZPE001 |  BIZPE002 |  BIZPE003 |  BIZPE004 |  BIZPE005 |  BIZPE006 |

| BIZPE007 |  BIZPE008 |  BIZPE009 |  BIZPE010 | BIZPE011 |  BIZPE012 |  BIZPE013 |  BIZPE014 |  BIZPE015 |  BIZPE016 |

| BIZPE017 | 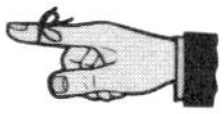 BIZPE018 |

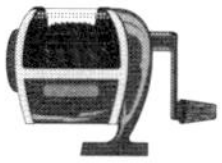

FreeHand

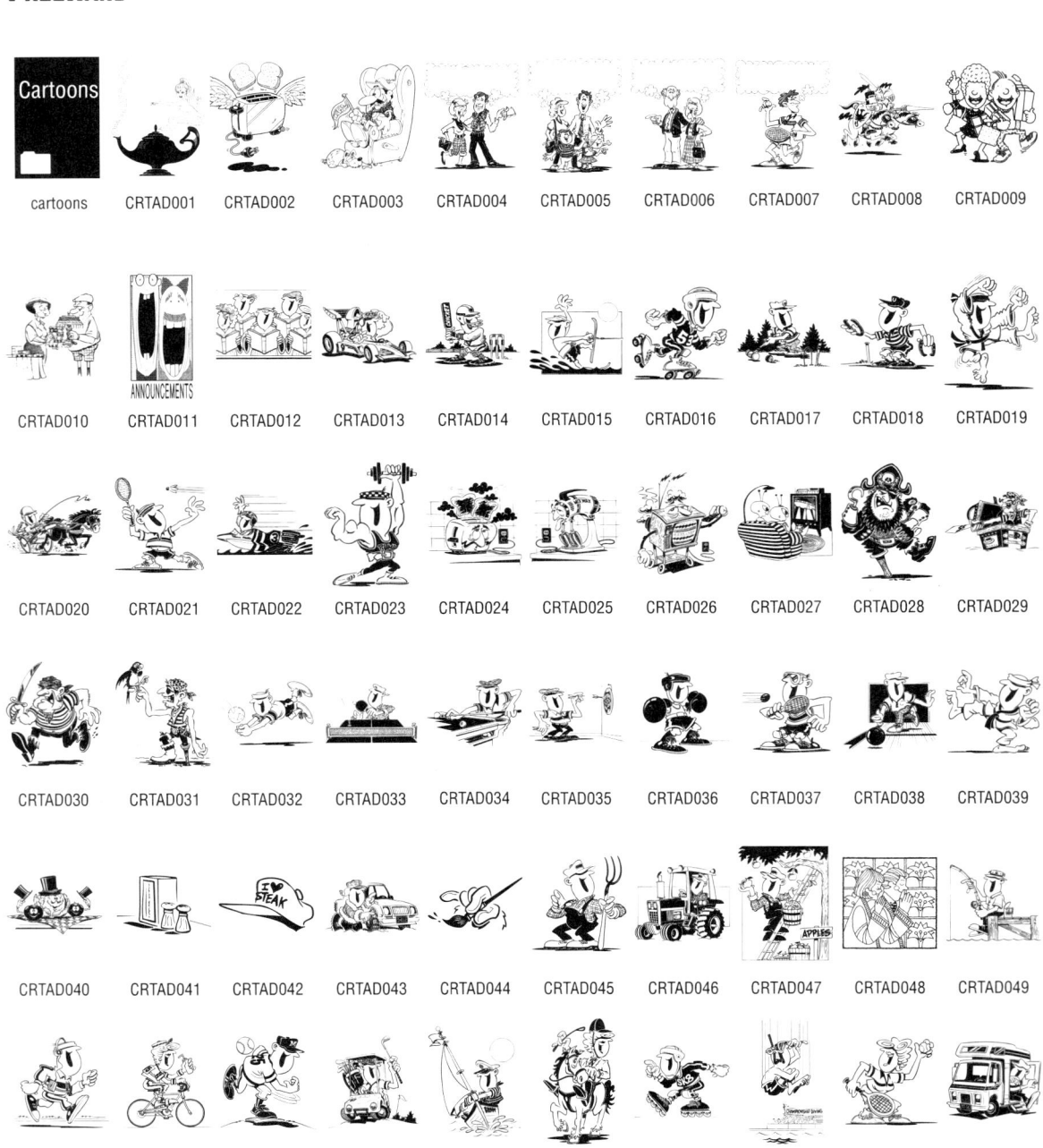

cartoons	CRTAD001	CRTAD002
CRTAD003	CRTAD004	CRTAD005
CRTAD006	CRTAD007	CRTAD008
CRTAD009	CRTAD010	CRTAD011
CRTAD012	CRTAD013	CRTAD014
CRTAD015	CRTAD016	CRTAD017
CRTAD018	CRTAD019	CRTAD020
CRTAD021	CRTAD022	CRTAD023
CRTAD024	CRTAD025	CRTAD026
CRTAD027	CRTAD028	CRTAD029
CRTAD030	CRTAD031	CRTAD032
CRTAD033	CRTAD034	CRTAD035
CRTAD036	CRTAD037	CRTAD038
CRTAD039	CRTAD040	CRTAD041
CRTAD042	CRTAD043	CRTAD044
CRTAD045	CRTAD046	CRTAD047
CRTAD048	CRTAD049	CRTAD050
CRTAD051	CRTAD052	CRTAD053
CRTAD054	CRTAD055	CRTAD056
CRTAD057	CRTAD058	CRTAD059

Clipart & Fonts

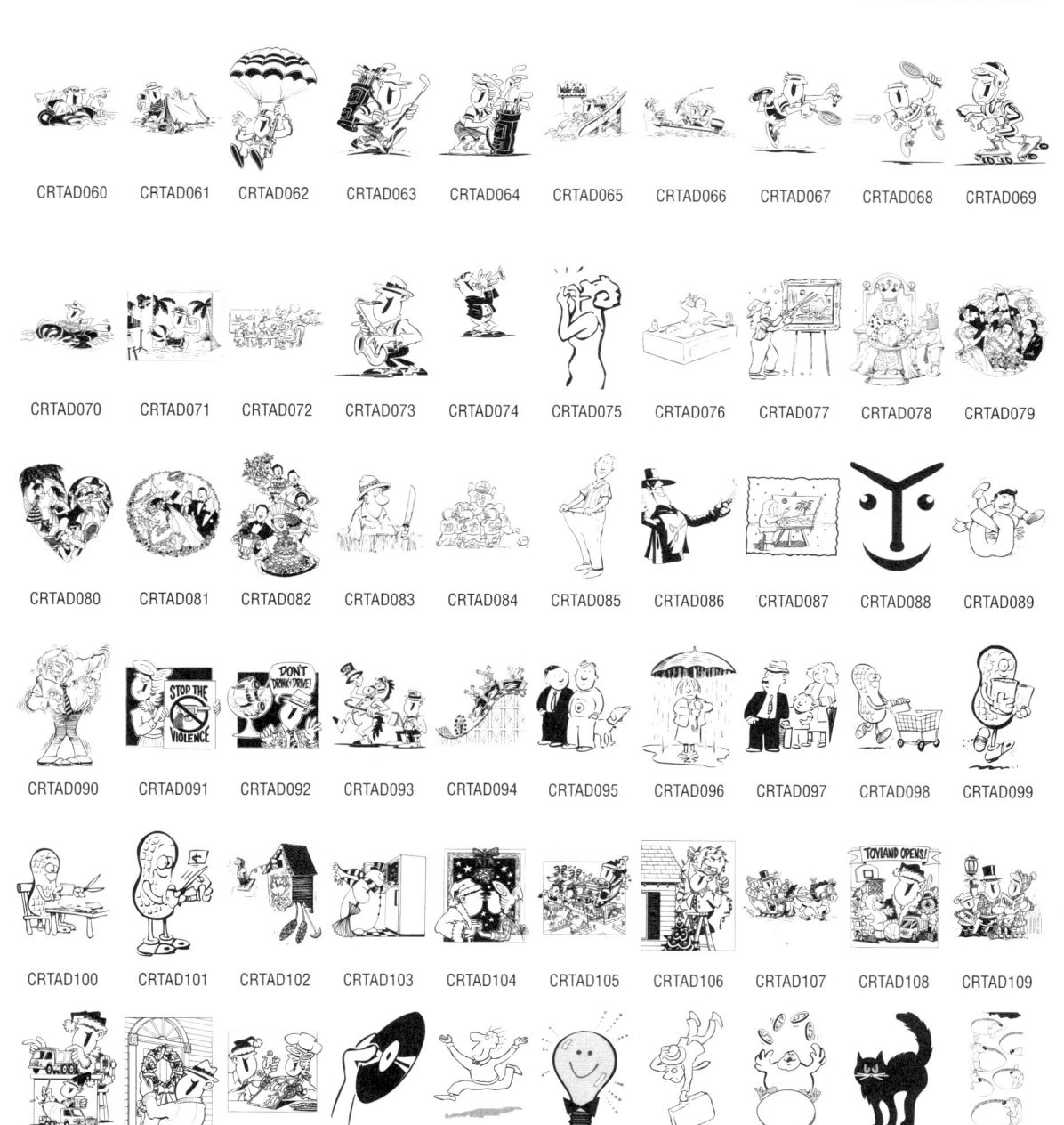

CRTAD060	CRTAD061	CRTAD062	CRTAD063	CRTAD064	CRTAD065	CRTAD066	CRTAD067	CRTAD068	CRTAD069
CRTAD070	CRTAD071	CRTAD072	CRTAD073	CRTAD074	CRTAD075	CRTAD076	CRTAD077	CRTAD078	CRTAD079
CRTAD080	CRTAD081	CRTAD082	CRTAD083	CRTAD084	CRTAD085	CRTAD086	CRTAD087	CRTAD088	CRTAD089
CRTAD090	CRTAD091	CRTAD092	CRTAD093	CRTAD094	CRTAD095	CRTAD096	CRTAD097	CRTAD098	CRTAD099
CRTAD100	CRTAD101	CRTAD102	CRTAD103	CRTAD104	CRTAD105	CRTAD106	CRTAD107	CRTAD108	CRTAD109
CRTAD110	CRTAD111	CRTAD112	CRTAD113	CRTAD114	CRTAD115	CRTAD116	CRTAN001	CRTAN002	CRTAN003

55

FreeHand

CRTAN004	CRTAN005	CRTAN006	CRTAN007	CRTAN008	CRTAN009	CRTAN010	CRTAN011	CRTAN012	CRTAN013
CRTAN014	CRTAN015	CRTAN016	CRTAN017	CRTAN018	CRTAN019	CRTAN020	CRTAN021	CRTAN022	CRTAN023
CRTAN024	CRTAN025	CRTAN026	CRTAN027	CRTAN028	CRTAN029	CRTAN030	CRTAN031	CRTAN032	CRTAN033
CRTAN034	CRTAN035	CRTAN036	CRTAN037	CRTAN038	CRTAN039	CRTCH001	CRTCH002	CRTCH003	CRTCH004
CRTCH005	CRTCH006	CRTCH007	CRTCH008	CRTCH009	CRTCH010	CRTCH011	CRTCH012	CRTCH013	CRTCH014
CRTCH015	CRTCH016	CRTCH017	CRTCH018	CRTCH019	CRTCH020	CRTCH021	CRTCH022	CRTCH023	CRTCH024

Clipart & Fonts

CRTCH025	CRTCH026	CRTCH027	CRTCH028	CRTCH029	CRTCH030	CRTJO001	CRTJO002	CRTJO003	CRTJO004	
CRTJO005	CRTJO006	CRTJO007	CRTJO008	CRTJO009	CRTJO010	CRTJO011	CRTJO012	CRTJO013	CRTJO014	
CRTJO015	CRTJO016	CRTJO017	CRTJO018	CRTJO019	CRTJO020	CRTJO021	CRTJO022	CRTJO023	CRTJO024	
CRTJO025	CRTJO026	CRTJO027	CRTJO028	CRTJO029	CRTJO030	CRTJO031	CRTJO032	CRTJO033	CRTJO034	
CRTJO035	CRTJO036	CRTJO037	CRTJO038	CRTJO039	CRTJO040	CRTJO041	CRTJO042	CRTJO043	CRTJO044	
CRTJO045	CRTJO046	CRTJO047	CRTJO048	CRTJO049	CRTJO050	CRTJO051	CRTJO052	CRTJO053	CRTJO054	

FreeHand

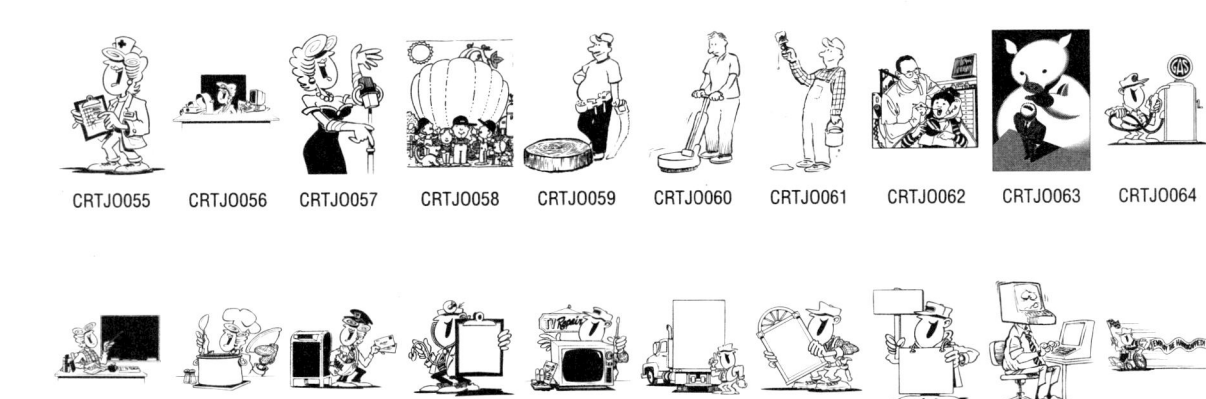

| CRTJ0055 | CRTJ0056 | CRTJ0057 | CRTJ0058 | CRTJ0059 | CRTJ0060 | CRTJ0061 | CRTJ0062 | CRTJ0063 | CRTJ0064 |

| CRTJ0065 | CRTJ0066 | CRTJ0067 | CRTJ0068 | CRTJ0069 | CRTJ0070 | CRTJ0071 | CRTJ0072 | CRTJ0073 | CRTJ0074 |

| CRTJ0075 | CRTJ0076 | CRTJ0077 | CRTJ0078 | CRTJ0079 | CRTJ0080 | CRTJ0081 |

Clipart & Fonts

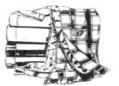

clothes	CLOCL001	CLOCL002
CLOCL003	CLOCL004	CLOCL005
CLOCL006	CLOCL007	CLOCL008
CLOCL009	CLOCL010	CLOCL011
CLOCL012	CLOCL013	CLOCL014
CLOCL015	CLOCL016	CLOCL017
CLOCL018	CLOCL019	CLOCL020
CLOCL021	CLOCL022	CLOCL023
CLOCL024	CLOCL025	CLOCL026
CLOCL027	CLOCL028	CLOCL029
CLOCL030	CLOCL031	CLOCL032
CLOHT001	CLOHT002	CLOHT003
CLOHT004	CLOHT005	CLOHT006
CLOHT007	CLOHT008	CLOHT009
CLOHT010	CLOHT011	CLOHT012
CLOHT013	CLOHT014	CLOHT015
CLOHT016	CLOHT017	CLOHT018
CLOHT019	CLOJW001	CLOJW002
CLOJW003	CLOJW004	CLOJW005
CLOJW006	CLOJW007	CLOJW008

59

FreeHand

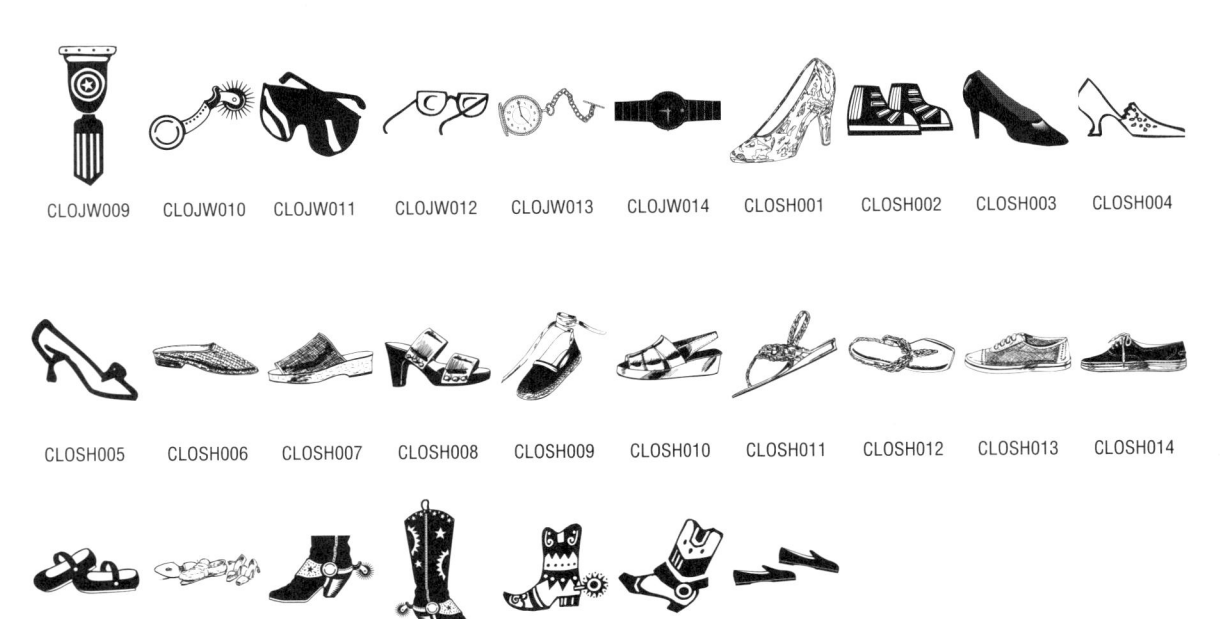

| CLOJW009 | CLOJW010 | CLOJW011 | CLOJW012 | CLOJW013 | CLOJW014 | CLOSH001 | CLOSH002 | CLOSH003 | CLOSH004 |

| CLOSH005 | CLOSH006 | CLOSH007 | CLOSH008 | CLOSH009 | CLOSH010 | CLOSH011 | CLOSH012 | CLOSH013 | CLOSH014 |

| CLOSH015 | CLOSH016 | CLOSH017 | CLOSH018 | CLOSH019 | CLOSH020 | CLOSH021 |

Clipart & Fonts

columns	CLMBG001	CLMBG002	CLMBG003	CLMBG004	CLMBG005	CLMBG006	CLMBG007	CLMBG008	CLMBG009
CLMBG010	CLMBG011	CLMBG012	CLMBG013	CLMBG014	CLMBG015	CLMBG016	CLMBG017	CLMBG018	CLMBG019
CLMBG020	CLMBG021	CLMCU001	CLMCU002	CLMCU003	CLMCU004	CLMCU005	CLMCU006	CLMFU001	CLMFU002
CLMFU003	CLMFU004	CLMFU005	CLMFU006	CLMFU007	CLMFU008	CLMFU009	CLMFU010	CLMFU011	CLMFU012
CLMFU013	CLMFU014	CLMFU015	CLMFU016	CLMFU017	CLMFU018	CLMFU019	CLMFU020	CLMFU021	CLMFU022
CLMFU023	CLMFU024	CLMFU025	CLMFU026	CLMFU027	CLMFU028	CLMFU029	CLMFU030	CLMFU031	CLMFU032

61

FreeHand

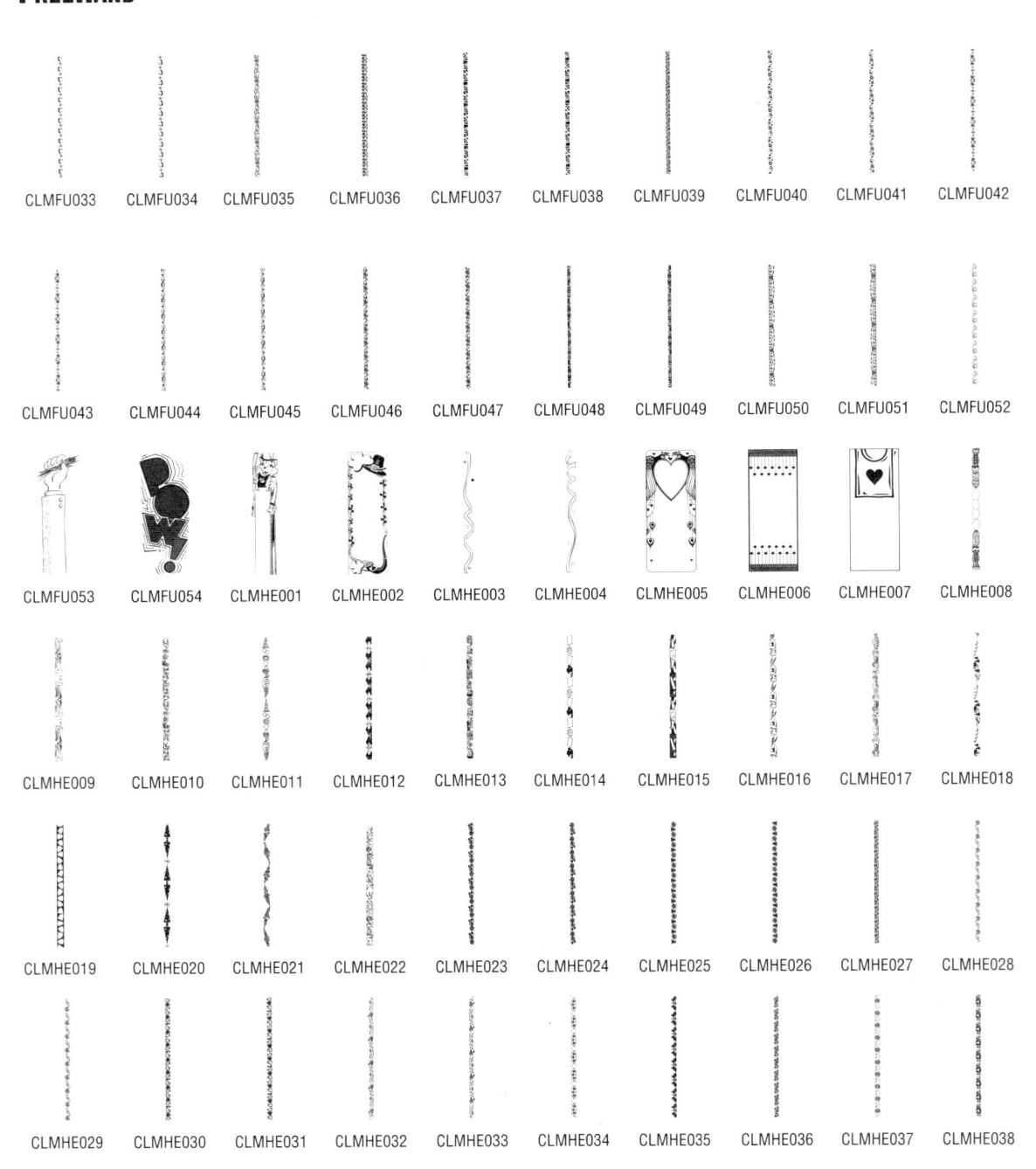

CLMFU033	CLMFU034	CLMFU035	CLMFU036	CLMFU037	CLMFU038	CLMFU039	CLMFU040	CLMFU041	CLMFU042
CLMFU043	CLMFU044	CLMFU045	CLMFU046	CLMFU047	CLMFU048	CLMFU049	CLMFU050	CLMFU051	CLMFU052
CLMFU053	CLMFU054	CLMHE001	CLMHE002	CLMHE003	CLMHE004	CLMHE005	CLMHE006	CLMHE007	CLMHE008
CLMHE009	CLMHE010	CLMHE011	CLMHE012	CLMHE013	CLMHE014	CLMHE015	CLMHE016	CLMHE017	CLMHE018
CLMHE019	CLMHE020	CLMHE021	CLMHE022	CLMHE023	CLMHE024	CLMHE025	CLMHE026	CLMHE027	CLMHE028
CLMHE029	CLMHE030	CLMHE031	CLMHE032	CLMHE033	CLMHE034	CLMHE035	CLMHE036	CLMHE037	CLMHE038

Clipart & Fonts

CLMHE039	CLMHE040	CLMHE041	CLMHE042	CLMHE043	CLMHE044	CLMHE045	CLMHE046	CLMHE047	CLMNA001
CLMNA002	CLMNA003	CLMNA004	CLMNA005	CLMNA006	CLMNA007	CLMNA008	CLMNA009	CLMNA010	CLMNA011
CLMNA012	CLMNA013	CLMNA014	CLMNA015	CLMNA016	CLMNA017	CLMNA018	CLMNA019	CLMNA020	CLMNA021
CLMNA022	CLMNA023	CLMNA024	CLMNA025	CLMNA026	CLMNA027				

FreeHand

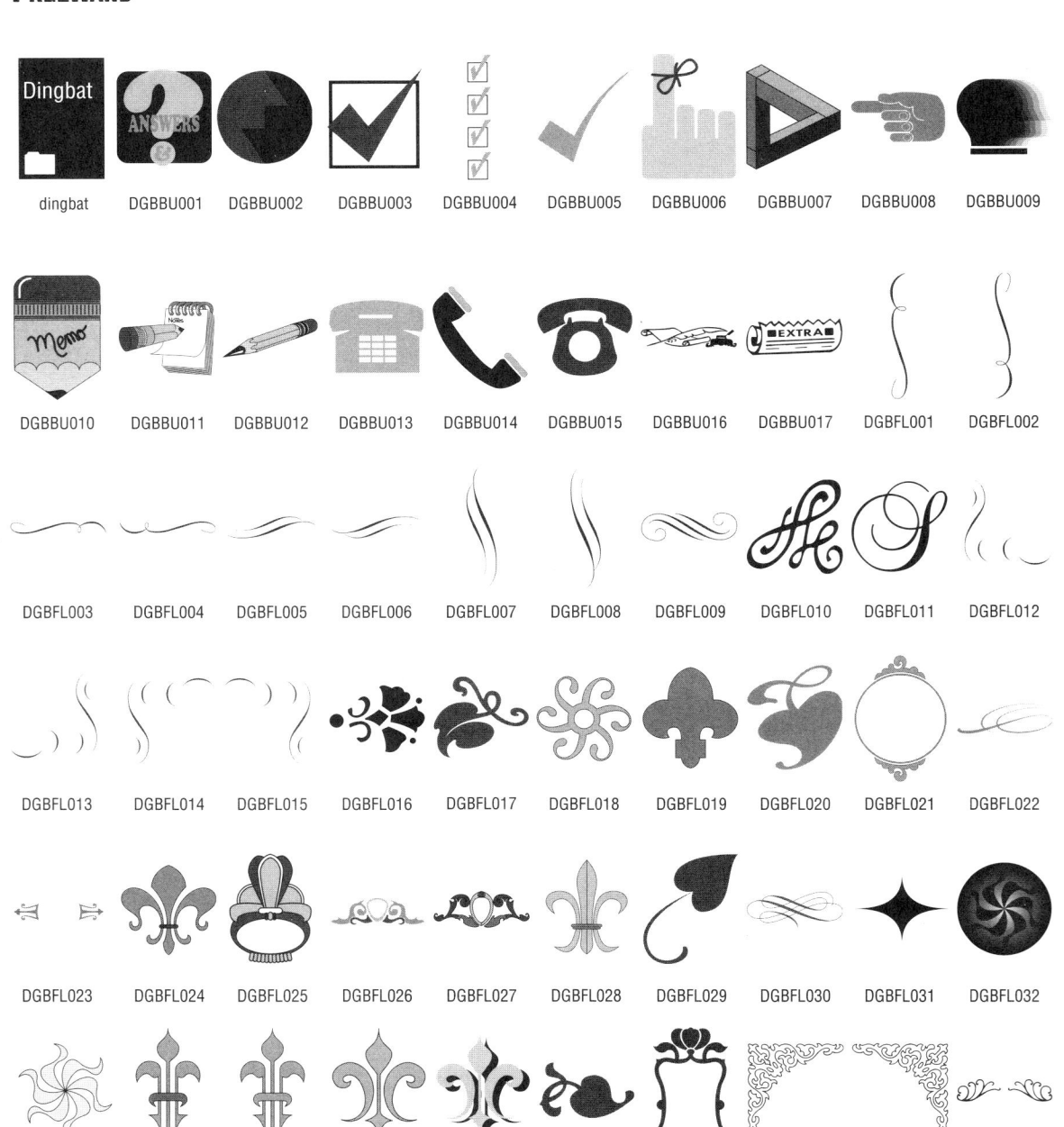

dingbat	DGBBU001	DGBBU002
DGBBU003	DGBBU004	DGBBU005
DGBBU006	DGBBU007	DGBBU008	DGBBU009
DGBBU010	DGBBU011	DGBBU012
DGBBU013	DGBBU014	DGBBU015
DGBBU016	DGBBU017	DGBFL001	DGBFL002
DGBFL003	DGBFL004	DGBFL005
DGBFL006	DGBFL007	DGBFL008
DGBFL009	DGBFL010	DGBFL011	DGBFL012
DGBFL013	DGBFL014	DGBFL015
DGBFL016	DGBFL017	DGBFL018
DGBFL019	DGBFL020	DGBFL021	DGBFL022
DGBFL023	DGBFL024	DGBFL025
DGBFL026	DGBFL027	DGBFL028
DGBFL029	DGBFL030	DGBFL031	DGBFL032
DGBFL033	DGBFL034	DGBFL035
DGBFL036	DGBFL037	DGBFL038
DGBFL039	DGBFL040	DGBFL041	DGBFL042

Clipart & Fonts

DGBFL043	DGBFL044	DGBFL045	DGBFL046	DGBFL047	DGBFL048	DGBFL049	DGBFL050	DGBFL051	DGBFL052
DGBFL053	DGBFL054	DGBFL055	DGBFL056	DGBFL057	DGBFL058	DGBFU001	DGBFU002	DGBFU003	DGBFU004
DGBFU005	DGBFU006	DGBFU007	DGBFU008	DGBFU009	DGBFU010	DGBFU011	DGBFU012	DGBFU013	DGBFU014
DGBFU015	DGBFU016	DGBFU017	DGBFU018	DGBFU019	DGBFU020	DGBFU021	DGBFU022	DGBFU023	DGBFU024
DGBFU025	DGBFU026	DGBFU027	DGBFU028	DGBFU029	DGBFU030	DGBFU031	DGBFU032	DGBFU033	DGBFU034
DGBFU035	DGBFU036	DGBFU037	DGBFU038	DGBFU039	DGBFU040	DGBFU041	DGBFU042	DGBFU043	DGBFU044

FreeHand

DGBFU045	DGBFU046	DGBFU047	DGBFU048	DGBFU049	DGBFU050	DGBFU051	DGBFU052	DGBFU053	DGBFU054	
DGBFU055	DGBFU056	DGBFU057	DGBFU058	DGBFU059	DGBFU060	DGBFU061	DGBFU062	DGBFU063	DGBFU064	
DGBFU065	DGBFU066	DGBFU067	DGBFU068	DGBFU069	DGBFU070	DGBFU071	DGBFU072	DGBFU073	DGBFU074	
DGBFU075	DGBFU076	DGBFU077	DGBFU078	DGBFU079	DGBFU080	DGBFU081	DGBFU082	DGBFU083	DGBFU084	
DGBFU085	DGBFU086	DGBFU087	DGBFU088	DGBFU089	DGBFU090	DGBFU091	DGBFU092	DGBFU093	DGBFU094	
DGBFU095	DGBGE001	DGBGE002	DGBGE003	DGBGE004	DGBGE005	DGBGE006	DGBGE007	DGBGE008	DGBGE009	

Clipart & Fonts

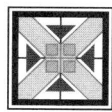

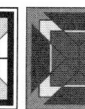

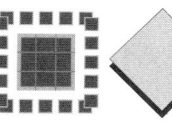

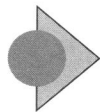

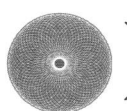

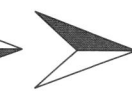

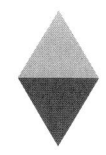

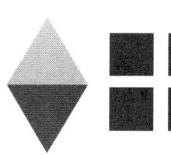

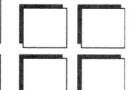

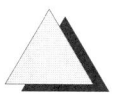

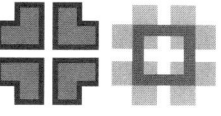

DGBGE010	DGBGE011	DGBGE012	DGBGE013	DGBGE014	DGBGE015	DGBGE016	DGBGE017	DGBGE018	DGBGE019
DGBGE020	DGBGE021	DGBGE022	DGBGE023	DGBGE024	DGBGE025	DGBGE026	DGBGE027	DGBGE028	DGBGE029
DGBGE030	DGBGE031	DGBGE032	DGBGE033	DGBGE034	DGBGE035	DGBGE036	DGBGE037	DGBGE038	DGBGE039
DGBGE040	DGBGE041	DGBGE042	DGBGE043	DGBGE044	DGBGE045	DGBGE046	DGBGE047	DGBGE048	DGBGE049
DGBGE050	DGBGE051	DGBGE052	DGBGE053	DGBGE054	DGBGE055	DGBGE056	DGBGE057	DGBGE058	DGBGE059
DGBGE060	DGBGE061	DGBGE062	DGBGE063	DGBGE064	DGBGE065	DGBGE066	DGBGE067	DGBGE068	DGBGE069

FreeHand

DGBGE070	DGBGE071	DGBGE072	DGBGE073	DGBGE074	DGBGE075	DGBGE076	DGBGE077	DGBGE078	DGBGE079
DGBGE080	DGBGE081	DGBGE082	DGBGE083	DGBGE084	DGBGE085	DGBGE086	DGBGE087	DGBGE088	DGBGE089
DGBGE090	DGBGE091	DGBGE092	DGBGE093	DGBGE094	DGBGE095	DGBGE096	DGBGE097	DGBGE098	DGBGE099
DGBGE100	DGBGE101	DGBGE102	DGBGE103	DGBGE104	DGBMA001	DGBMA002	DGBMA003	DGBMA004	DGBMA005
DGBMA006	DGBMA007	DGBMA008	DGBMA009	DGBMA010	DGBMA011	DGBMA012	DGBMA013	DGBMA014	DGBMA015
DGBNA001	DGBNA002	DGBNA003	DGBNA004	DGBNA005	DGBNA006	DGBNA007	DGBNA008	DGBNA009	DGBNA010

CLIPART & FONTS

DGBNA011	DGBNA012	DGBNA013	DGBNA014	DGBNA015	DGBNA016
DGBNA017	DGBNA018	DGBNA019	DGBNA020		
DGBNA021	DGBNA022	DGBNA023	DGBNA024	DGBNA025	DGBNA026
DGBNA027	DGBNA028	DGBNA029	DGBNA030		
DGBNA031	DGBNA032	DGBNA033	DGBNA034	DGBNA035	DGBNA036
DGBNA037	DGBNA038	DGBNA039	DGBNA040		
DGBNA041	DGBNA042	DGBNA043	DGBNA044	DGBNA045	DGBNA046
DGBNA047	DGBNA048	DGBNA049	DGBNA050		
DGBNA051	DGBNA052	DGBNA053	DGBNA054	DGBNA055	DGBNA056
DGBNA057	DGBNA058	DGBNA059	DGBNA060		
DGBNA061	DGBNA062	DGBNA063	DGBNA064	DGBNA065	DGBNA066
DGBNA067	DGBNA068	DGBNA069	DGBTY001		

FreeHand

| DGBTY002 | DGBTY003 | DGBTY004 | DGBTY005 | DGBTY006 | DGBTY007 | DGBTY008 | DGBTY009 |

Clipart & Fonts

events	EVECO001	EVECO002	EVECO003
EVECO004	EVECO005	EVECO006	EVECO007
EVECO008	EVECO009	EVECO010	EVECO011
EVECO012	EVECO013	EVECO014	EVECO015
EVECO016	EVECO017	EVECO018	EVECO019
EVECO020	EVECO021	EVECO022	EVECO023
EVECO024	EVECO025	EVECO026	EVECO027
EVECO028	EVECO029	EVECO030	EVECO031
EVECO032	EVECO033	EVECO034	EVECO035
EVECO036	EVEGR001	EVEGR002	EVEGR003
EVEGR004	EVEGR005	EVEGR006	EVEGR007
EVEGR008	EVEGR009	EVEGR010	EVEGR011
EVEGR012	EVEGR013	EVEGR014	EVEGR015
EVEGR016	EVEGR017	EVEGR018	EVEGR019
EVEGR020	EVEGR021	EVEGR022	EVEGR023

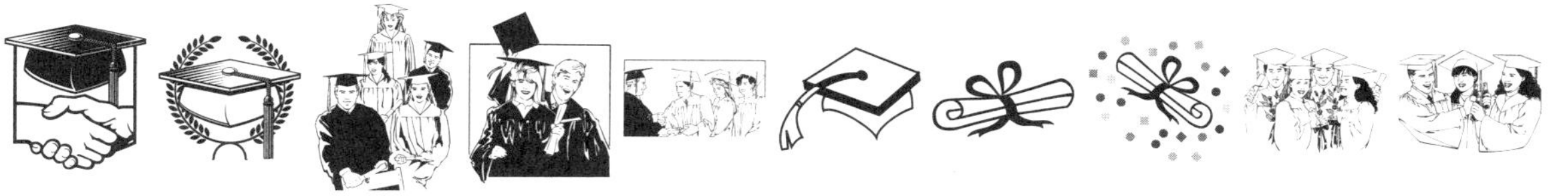

FreeHand

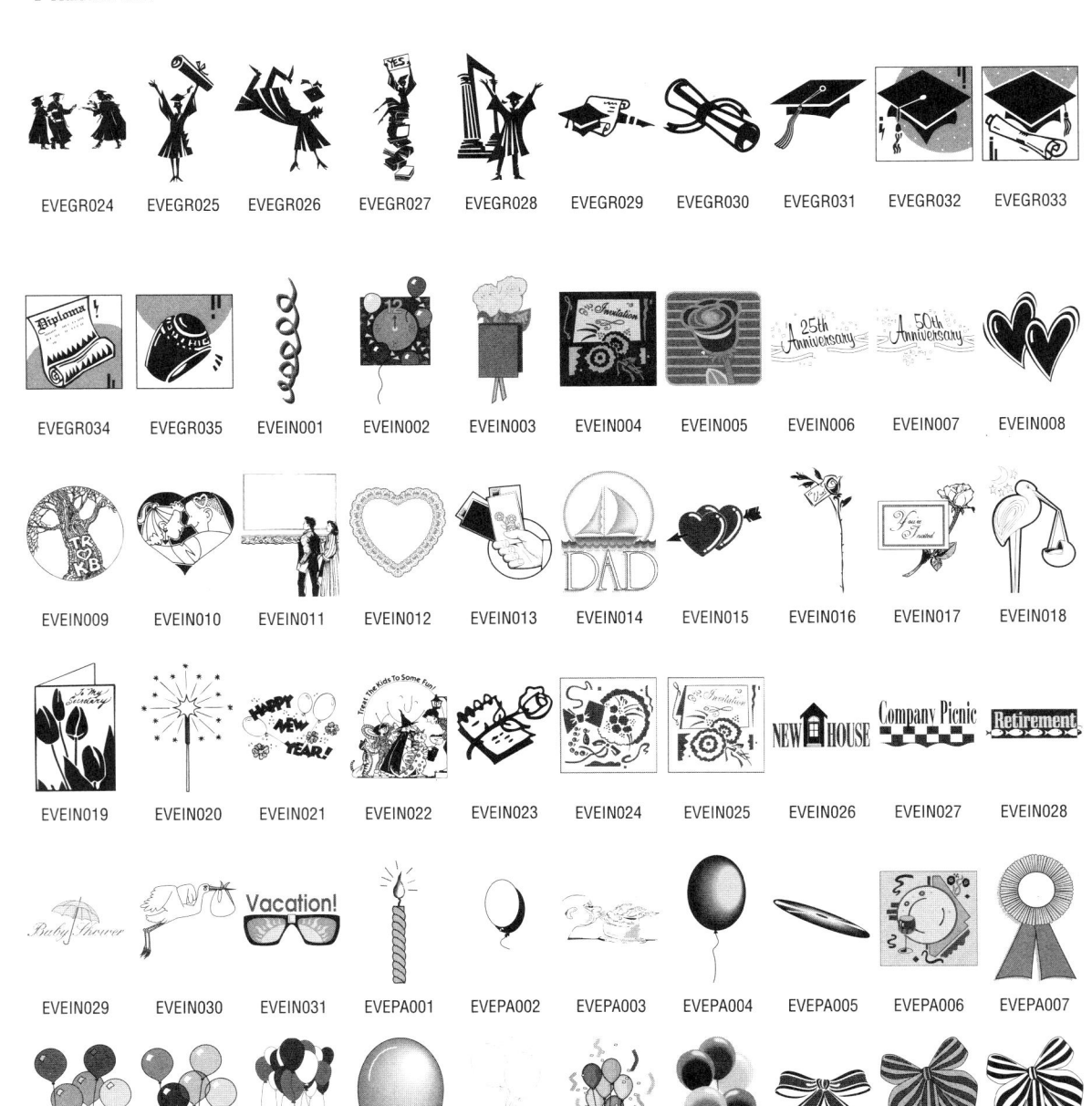

EVEGR024	EVEGR025	EVEGR026	EVEGR027	EVEGR028	EVEGR029	EVEGR030	EVEGR031	EVEGR032	EVEGR033	
EVEGR034	EVEGR035	EVEIN001	EVEIN002	EVEIN003	EVEIN004	EVEIN005	EVEIN006	EVEIN007	EVEIN008	
EVEIN009	EVEIN010	EVEIN011	EVEIN012	EVEIN013	EVEIN014	EVEIN015	EVEIN016	EVEIN017	EVEIN018	
EVEIN019	EVEIN020	EVEIN021	EVEIN022	EVEIN023	EVEIN024	EVEIN025	EVEIN026	EVEIN027	EVEIN028	
EVEIN029	EVEIN030	EVEIN031	EVEPA001	EVEPA002	EVEPA003	EVEPA004	EVEPA005	EVEPA006	EVEPA007	
EVEPA008	EVEPA009	EVEPA010	EVEPA011	EVEPA012	EVEPA013	EVEPA014	EVEPA015	EVEPA016	EVEPA017	

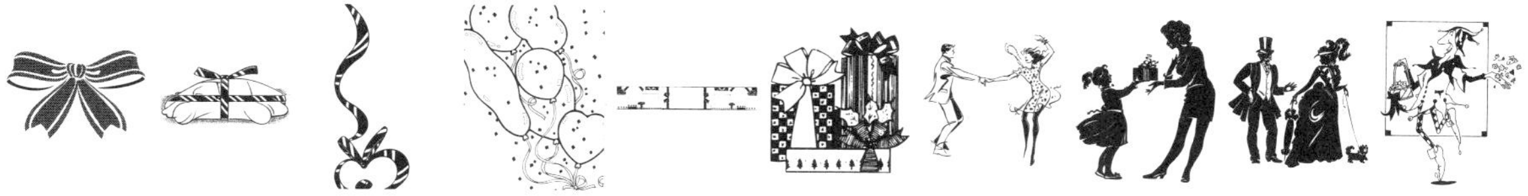

Clipart & Fonts

EVEPA018	EVEPA019	EVEPA020	EVEPA021	EVEPA022	EVEPA023	EVEPA024	EVEPA025	EVEPA026	EVEPA027		
EVEPA028	EVEPA029	EVEPA030	EVEPA031	EVEPA032	EVEPA033	EVEPA034	EVEPA035	EVEPA036	EVEPA037		
EVEPA038	EVEPA039	EVEPA040	EVEPA041	EVEPA042	EVEPA043	EVEPA044	EVEPA045	EVEPA046	EVEPA047		
EVEPA048	EVEPA049	EVEPA050	EVEPA051	EVEPA052	EVEPA053	EVEPA054	EVEPA055	EVEPA056	EVEPA057		
EVEPA058	EVEPA059	EVEPA060	EVEPA061	EVEPA062	EVEPA063	EVEPA064	EVEPA065	EVEPA066	EVEPA067		
EVEPA068	EVEPA069	EVEPA070	EVEPA071	EVEPA072	EVEPA073	EVEPA074	EVEPA075	EVEPA076	EVEPA077		

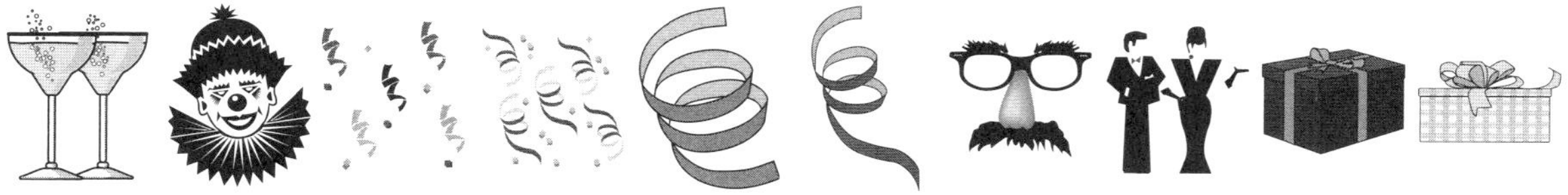

FreeHand

EVEPA078	EVEPA079	EVEPA080	EVEPA081	EVEPA082	EVEPA083	EVEPA084	EVEPA085	EVEPA086	EVEPA087
EVEPA088	EVEPA089	EVEPA090	EVEPA091	EVEPA092	EVEPA093	EVEPA094	EVEPA095	EVEPA096	EVEPA097
EVEPA098	EVEPA099	EVEPA100	EVEPA101	EVEPA102	EVEPA103	EVEPA104	EVEPA105	EVEWE001	EVEWE002
EVEWE003	EVEWE004	EVEWE005	EVEWE006	EVEWE007	EVEWE008	EVEWE009	EVEWE010	EVEWE011	EVEWE012
EVEWE013	EVEWE014	EVEWE015	EVEWE016	EVEWE017	EVEWE018	EVEWE019	EVEWE020	EVEWE021	EVEWE022
EVEWE023	EVEWE024	EVEWE025	EVEWE026	EVEWE027	EVEWE028	EVEWE029	EVEWE030	EVEWE031	EVEWE032

Clipart & Fonts

| EVEWE033 | EVEWE034 | EVEWE035 |  EVEWE036 |  EVEWE037 |  EVEWE038 |  EVEWE039 |  EVEWE040 |  EVEWE041 |  EVEWE042 |

| EVEWE043 |  EVEWE044 | 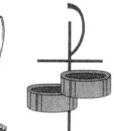 EVEWE045 |  EVEWE046 |  EVEWE047 |

FreeHand

food	FOOBA001	FOOBA002

food · FOOBA001 · FOOBA002 · FOOBA003 · FOOBA004 · FOOBA005 · FOOBA006 · FOOBA007 · FOOBA008 · FOOBA009

FOOBA010 · FOOBA011 · FOOBE001 · FOOBE002 · FOOBE003 · FOOBE004 · FOOBE005 · FOOBE006 · FOOBE007 · FOOBE008

FOOBE009 · FOOBE010 · FOOBE011 · FOOBE012 · FOOBE013 · FOOBE014 · FOOBE015 · FOOBE016 · FOOBE017 · FOOBE018

FOOBE019 · FOOBE020 · FOOBE021 · FOOBE022 · FOOBE023 · FOOBE024 · FOOBE025 · FOOBE026 · FOOBE027 · FOOBE028

FOOBE029 · FOOBE030 · FOOBE031 · FOOBE032 · FOOBE033 · FOOBE034 · FOOBE035 · FOOBE036 · FOOBE037 · FOOBE038

FOOBE039 · FOOBE040 · FOOBE041 · FOOBE042 · FOOBE043 · FOOBE044 · FOOBE045 · FOOBE046 · FOODA001 · FOODA002

Clipart & Fonts

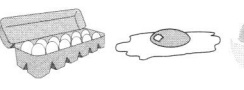

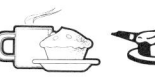

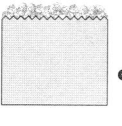

FOODA003	FOODA004	FOODA005	FOODA006	FOODA007	FOODA008	FOODA009	FOODA010	FOODA011	FOODA012
FOODA013	FOODA014	FOODA015	FOODA016	FOODA017	FOODA018	FOODA019	FOODA020	FOODA021	FOODA022
FOODA023	FOODE001	FOODE002	FOODE003	FOODE004	FOODE005	FOODE006	FOODE007	FOODE008	FOODE009
FOODE010	FOODE011	FOODE012	FOODE013	FOODE014	FOODE015	FOODE016	FOODE017	FOODE018	FOODE019
FOODE020	FOODE021	FOODE022	FOODE023	FOODE024	FOODE025	FOODE026	FOODE027	FOODE028	FOODE029
FOODE030	FOODE031	FOODE032	FOODE033	FOODE034	FOODE035	FOODE036	FOODE037	FOODE038	FOOFV001

FreeHand

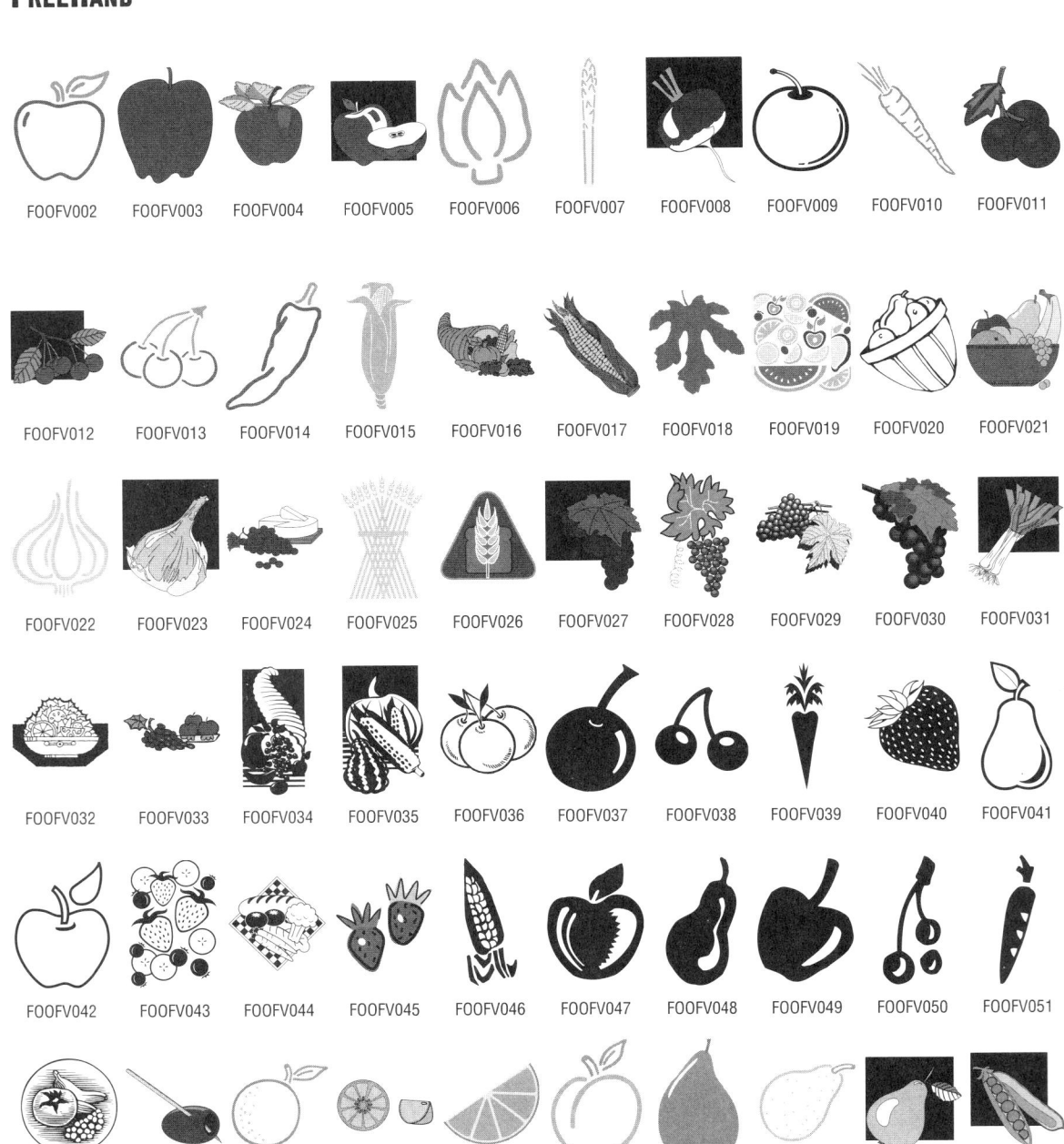

FOOFV002	FOOFV003	FOOFV004	FOOFV005
FOOFV006	FOOFV007	FOOFV008	FOOFV009
FOOFV010	FOOFV011	FOOFV012	FOOFV013
FOOFV014	FOOFV015	FOOFV016	FOOFV017
FOOFV018	FOOFV019	FOOFV020	FOOFV021
FOOFV022	FOOFV023	FOOFV024	FOOFV025
FOOFV026	FOOFV027	FOOFV028	FOOFV029
FOOFV030	FOOFV031	FOOFV032	FOOFV033
FOOFV034	FOOFV035	FOOFV036	FOOFV037
FOOFV038	FOOFV039	FOOFV040	FOOFV041
FOOFV042	FOOFV043	FOOFV044	FOOFV045
FOOFV046	FOOFV047	FOOFV048	FOOFV049
FOOFV050	FOOFV051	FOOFV052	FOOFV053
FOOFV054	FOOFV055	FOOFV056	FOOFV057
FOOFV058	FOOFV059	FOOFV060	FOOFV061

Clipart & Fonts

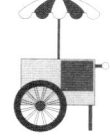

FOOFV062	FOOFV063	FOOFV064	FOOFV065	FOOFV066	FOOFV067	FOOFV068	FOOFV069	FOOIM001	FOOIM002	
FOOIM003	FOOIM004	FOOIM005	FOOIM006	FOOIM007	FOOIM008	FOOIM009	FOOIM010	FOOIM011	FOOIM012	
FOOIM013	FOOIM014	FOOIM015	FOOIM016	FOOIM017	FOOIM018	FOOIM019	FOOIM020	FOOIM021	FOOIM022	
FOOIM023	FOOIM024	FOOIM025	FOOIM026	FOOIM027	FOOIM028	FOOIM029	FOOIM030	FOOIM031	FOOIM032	
FOOIM033	FOOIM034	FOOIM035	FOOIM036	FOOIM037	FOOIM038	FOOIM039	FOOIM040	FOOIM041	FOOIM042	
FOOIM043	FOOIM044	FOOIM045	FOOIM046	FOOIM047	FOOIM048	FOOIM049	FOOMS001	FOOMS002	FOOMS003	

FreeHand

| FOOMS004 | FOOMS005 | FOOMS006 | FOOMS007 | FOOMS008 | FOOMS009 | FOOMS010 | FOOMS011 | FOOMS012 | FOOMS013 |

| FOOMS014 | FOOMS015 | FOOMS016 | FOOMS017 | FOOMS018 | FOOMS019 | FOOMS020 | FOOMS021 | FOOMS022 | FOOMS023 |

| FOOPR001 | FOOPR002 | FOOPR003 | FOOPR004 | FOOPR005 | FOOPR006 | FOOPR007 | FOOPR008 | FOOPR009 | FOOPR010 |

| FOOPR011 | FOOPR012 | FOOPR013 | FOOPR014 | FOOPR015 | FOOPR016 | FOOPR017 | FOOPR018 | FOOPR019 | FOOPR020 |

| FOOPR021 | FOOPR022 | FOOPR023 | FOOPR024 | FOOPR025 | FOOPR026 | FOOPR027 |

Clipart & Fonts

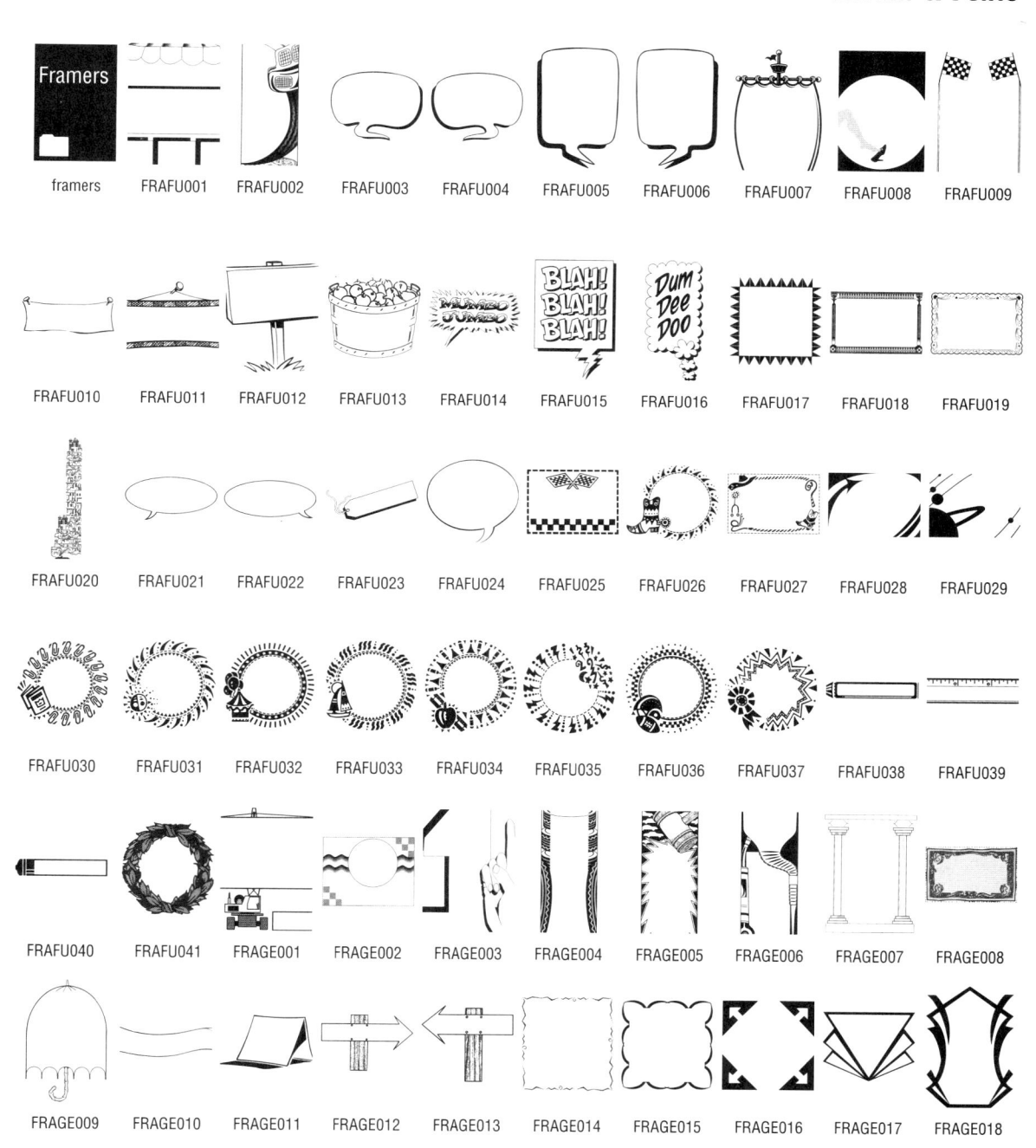

framers	FRAFU001	FRAFU002
FRAFU003	FRAFU004	FRAFU005
FRAFU006	FRAFU007	FRAFU008
FRAFU009	FRAFU010	FRAFU011
FRAFU012	FRAFU013	FRAFU014
FRAFU015	FRAFU016	FRAFU017
FRAFU018	FRAFU019	FRAFU020
FRAFU021	FRAFU022	FRAFU023
FRAFU024	FRAFU025	FRAFU026
FRAFU027	FRAFU028	FRAFU029
FRAFU030	FRAFU031	FRAFU032
FRAFU033	FRAFU034	FRAFU035
FRAFU036	FRAFU037	FRAFU038
FRAFU039	FRAFU040	FRAFU041
FRAGE001	FRAGE002	FRAGE003
FRAGE004	FRAGE005	FRAGE006
FRAGE007	FRAGE008	FRAGE009
FRAGE010	FRAGE011	FRAGE012
FRAGE013	FRAGE014	FRAGE015
FRAGE016	FRAGE017	FRAGE018

FreeHand

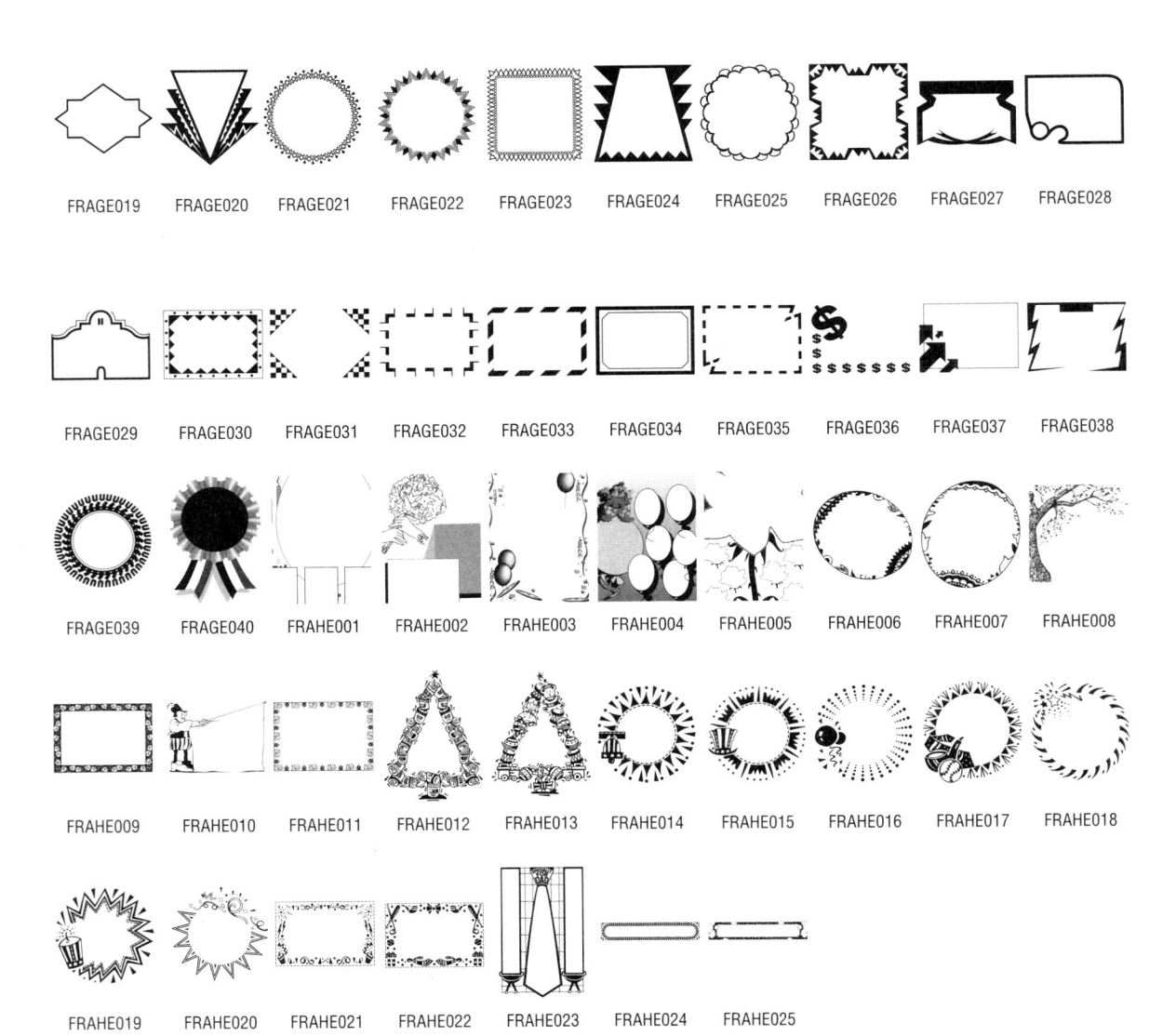

| FRAGE019 | FRAGE020 | FRAGE021 | FRAGE022 | FRAGE023 | FRAGE024 | FRAGE025 | FRAGE026 | FRAGE027 | FRAGE028 |

| FRAGE029 | FRAGE030 | FRAGE031 | FRAGE032 | FRAGE033 | FRAGE034 | FRAGE035 | FRAGE036 | FRAGE037 | FRAGE038 |

| FRAGE039 | FRAGE040 | FRAHE001 | FRAHE002 | FRAHE003 | FRAHE004 | FRAHE005 | FRAHE006 | FRAHE007 | FRAHE008 |

| FRAHE009 | FRAHE010 | FRAHE011 | FRAHE012 | FRAHE013 | FRAHE014 | FRAHE015 | FRAHE016 | FRAHE017 | FRAHE018 |

| FRAHE019 | FRAHE020 | FRAHE021 | FRAHE022 | FRAHE023 | FRAHE024 | FRAHE025 |

Clipart & Fonts

headers	HEABA001	HEABA002	HEABA003
HEABA004	HEABA005	HEABA006	HEABA007
HEABA008	HEABA009	HEABA010	HEABA011
HEABA012	HEABA013	HEABA014	HEABA015
HEABA016	HEABA017	HEABA018	HEABA019
HEABA020	HEABA021	HEABA022	HEABA023
HEABA024	HEABA025	HEABA026	HEABA027
HEABA028	HEABA029	HEABA030	HEABA031
HEABA032	HEABA033	HEABA034	HEABA035
HEABA036	HEABA037	HEABA038	HEABA039
HEABA040	HEABA041	HEABA042	HEABA043
HEABA044	HEABA045	HEABA046	HEABA047
HEABA048	HEABA049	HEABA050	HEABA051
HEABA052	HEABA053	HEABA054	HEABA055
HEABA056	HEABA057	HEABA058	HEABA059

FreeHand

HEABA060	HEABA061	HEABA062	HEABA063	HEABA064	HEABA065	HEABA066	HEABA067	HEABA068	HEABA069
HEABA070	HEABA071	HEABA072	HEABA073	HEABA074	HEABA075	HEABA076	HEABA077	HEABA078	HEABA079
HEABA080	HEABA081	HEABA082	HEABA083	HEABA084	HEABA085	HEABA086	HEABA087	HEABA088	HEABA089
HEABA090	HEABA091	HEABA092	HEABA093	HEABA094	HEABA095	HEABA096	HEABA097	HEABA098	HEABA099
HEABA100	HEABA101	HEABA102	HEABA103	HEABA104	HEABA105	HEABA106	HEABA107	HEABA108	HEABA109
HEABA110	HEABA111	HEABA112	HEABA113	HEABA114	HEABA115	HEABA116	HEABA117	HEABA118	HEABA119

Clipart & Fonts

HEABA120	Fall For Variety
HEABA121	Beautiful Selection
HEABA122	FALL SPECTACULAR
HEABA123	CAUTION:
HEABA124	JOIN IN THE FUN!
HEABA125	NOT JUST A BRIDGE, A WHOLE NEW LIFESTYLE.
HEABA126	The SHORT ROUTE.
HEABA127	Beautiful People
HEABA128	It's Music To Your Mouth!
HEABA129	DINING & DANCING
HEABA130	Delicious Dancing
HEABA131	Jazz & Dining... A Great Combo
HEABA132	Rock & Roll Fare
HEABA133	SAVOR THE FLAVOR!
HEABA134	Our Compliments to the Chef!
HEABA135	Belly up to the Salad Bar!
HEABA136	A REAL PORK ROAST EXPERIENCE
HEABA137	GET SETS!
HEABA138	Made Up To Order.
HEABA139	JN RIGHT OVE
HEABA140	october is national disability employment & awareness month OPEN THE DOOR TO OPPORTUNITY
HEABA141	october is ampaign for healthier Babies Mont
HEABA142	NATIONAL BOSS DA
HEABA143	Made to Order
HEABA144	dine out Tonight
HEABA145	tober is RESTAURANT Mo
HEABA146	ine Dining Guid
HEABA147	FANTASTIC FROZEN FOOD
HEABA148	Cleaning Supplies Sale
HEABA149	Lettuce SAVE YOU
HEABA150	Fresh MUFFINS
HEABA151	DETERGENT JAMBOREE
HEABA152	PASTA VALUES
HEABA153	Gourmet Coffee Talk
HEABA154	You CAN SAVE
HEABA155	and Name SPECIA
HEABA156	Save On Chicken
HEABA157	Organic Roots
HEABA158	Veal Deals
HEABA159	DELI SPECTACULAR
HEABA160	Tissue BLOWOU
HEABA161	DECADENT presents
HEABA162	oh, BANANAS!
HEABA163	FIND OUT WHAT'S NEWS...
HEABA164	GUARD YOUR SAFETY DURING Fire Prevention Week
HEABA165	PUT OUT THE WORD ON FIRE PREVENTION
HEABA166	Halloween Costume Specials
HEABA167	HORRID-A-BLY GOOD HALLOWEEN DEALS
HEABA168	SCARE treat By Halloween Saving
HEABA169	Always at your Best! October is Cosmetology Month
HEABA170	Bring Home the Bacon
HEABA171	HOG OUT ON PORK
HEABA172	october IS PORK MONTH
HEABA173	Enjoy Pork All Month
HEABA174	GREAT BARGAIN Discoveries
HEABA175	Sale to New Horizon
HEABA176	Fall VALUES
HEABA177	SALE to NEW HORIZONS
HEABA178	BANNER VALUES!
HEABA179	COLUMBUS DAY BARGAINS JUST BLEW IN!

FreeHand

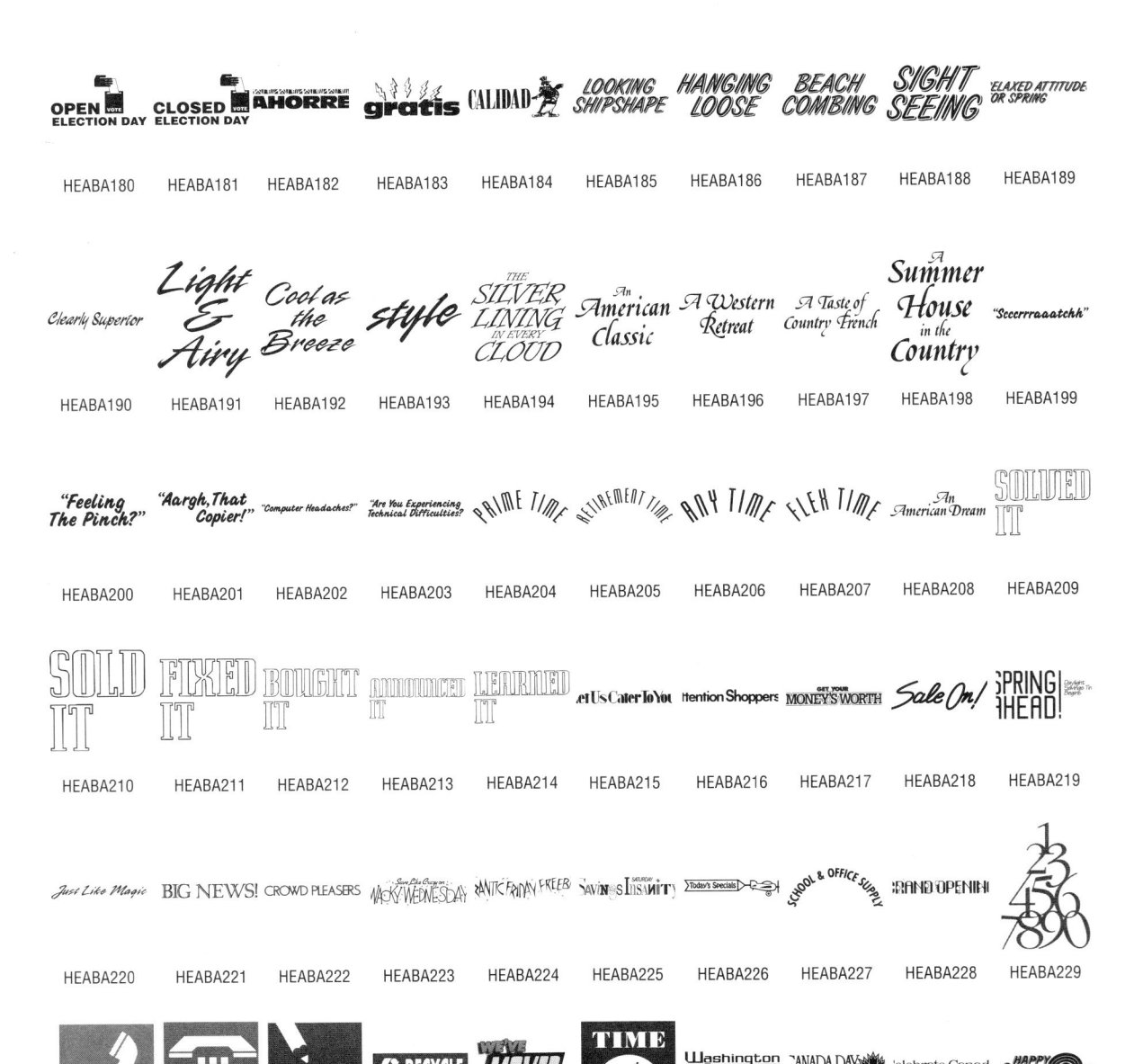

HEABA180	HEABA181	HEABA182	HEABA183	HEABA184	HEABA185	HEABA186	HEABA187	HEABA188	HEABA189
OPEN ELECTION DAY	CLOSED ELECTION DAY	AHORRE	gratis	CALIDAD	LOOKING SHIPSHAPE	HANGING LOOSE	BEACH COMBING	SIGHT SEEING	RELAXED ATTITUDE OR SPRING

Clearly Superior	Light & Airy	Cool as the Breeze	style	THE SILVER LINING IN EVERY CLOUD	An American Classic	A Western Retreat	A Taste of Country French	A Summer House in the Country	"Sccerrraaatchh"
HEABA190	HEABA191	HEABA192	HEABA193	HEABA194	HEABA195	HEABA196	HEABA197	HEABA198	HEABA199

"Feeling The Pinch?"	"Aargh, That Copier!"	"Computer Headaches?"	"Are You Experiencing Technical Difficulties?"	PRIME TIME	RETIREMENT TIME	ANY TIME	FLEX TIME	An American Dream	SOLVED IT
HEABA200	HEABA201	HEABA202	HEABA203	HEABA204	HEABA205	HEABA206	HEABA207	HEABA208	HEABA209

SOLD IT	FIXED IT	BOUGHT IT	ANNOUNCED IT	LEARNED IT	Let Us Cater To You	Attention Shoppers	GET YOUR MONEY'S WORTH	Sale On!	SPRING AHEAD!
HEABA210	HEABA211	HEABA212	HEABA213	HEABA214	HEABA215	HEABA216	HEABA217	HEABA218	HEABA219

Just Like Magic	BIG NEWS!	CROWD PLEASERS	WACKY WEDNESDAY	ANTIC FRIDAY FREEBIES	SAVINGS INSANITY	Today's Specials	SCHOOL & OFFICE SUPPLY	GRAND OPENING	1234567890
HEABA220	HEABA221	HEABA222	HEABA223	HEABA224	HEABA225	HEABA226	HEABA227	HEABA228	HEABA229

			RECYCLE	WE'VE MOVED	TIME SAVERS	Washington Specials	CANADA DAY	Celebrate Canada	HAPPY ANNIVERSARY
HEABA230	HEABA231	HEABA232	HEABA233	HEABA234	HEABA235	HEABA236	HEAEV001	HEAEV002	HEAEV003

86

Clipart & Fonts

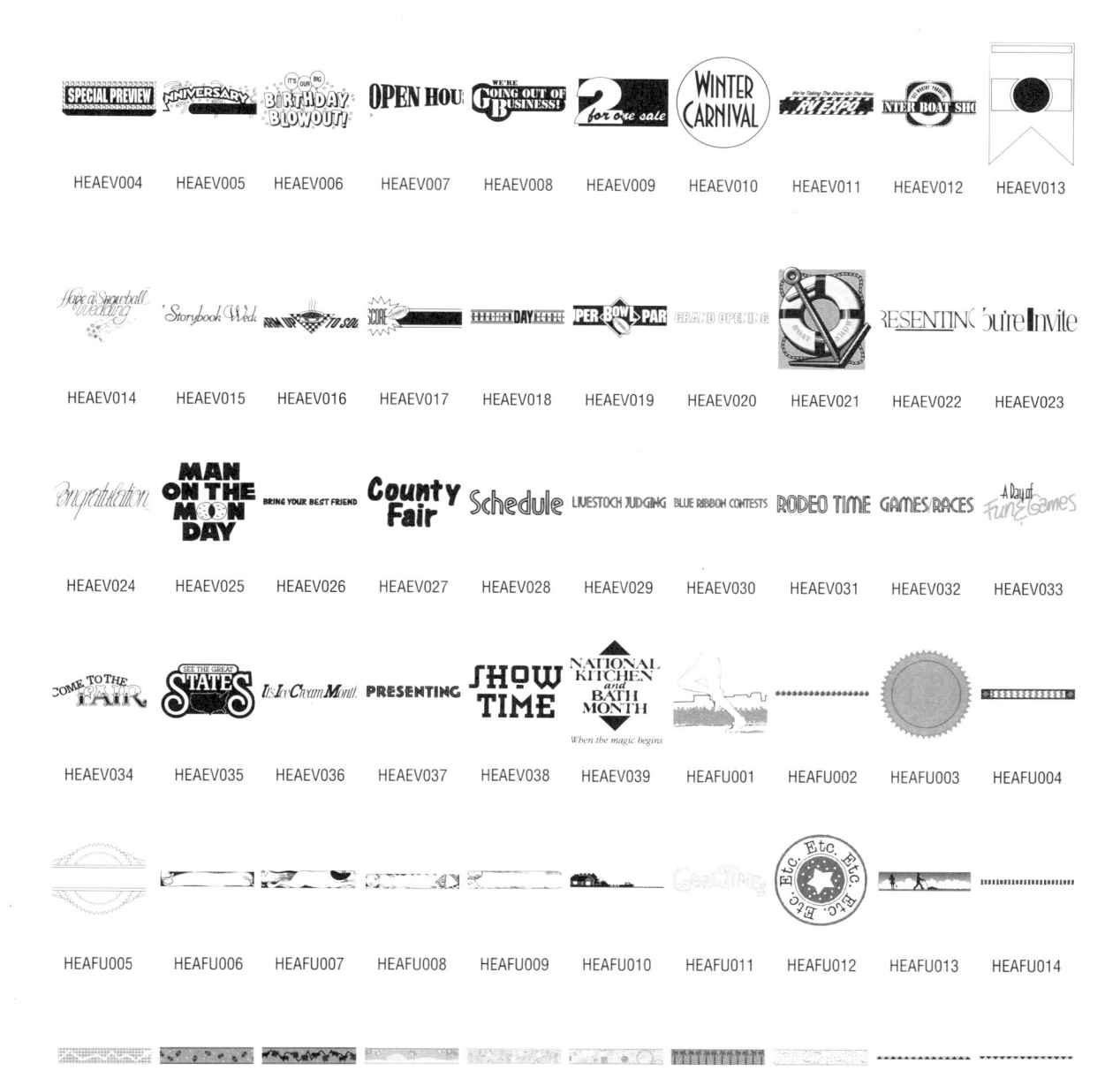

HEAEV004	HEAEV005	HEAEV006	HEAEV007
HEAEV008	HEAEV009	HEAEV010	HEAEV011
HEAEV012	HEAEV013	HEAEV014	HEAEV015
HEAEV016	HEAEV017	HEAEV018	HEAEV019
HEAEV020	HEAEV021	HEAEV022	HEAEV023
HEAEV024	HEAEV025	HEAEV026	HEAEV027
HEAEV028	HEAEV029	HEAEV030	HEAEV031
HEAEV032	HEAEV033	HEAEV034	HEAEV035
HEAEV036	HEAEV037	HEAEV038	HEAEV039
HEAFU001	HEAFU002	HEAFU003	HEAFU004
HEAFU005	HEAFU006	HEAFU007	HEAFU008
HEAFU009	HEAFU010	HEAFU011	HEAFU012
HEAFU013	HEAFU014	HEAFU015	HEAFU016
HEAFU017	HEAFU018	HEAFU019	HEAFU020
HEAFU021	HEAFU022	HEAFU023	HEAFU024

87

FreeHand

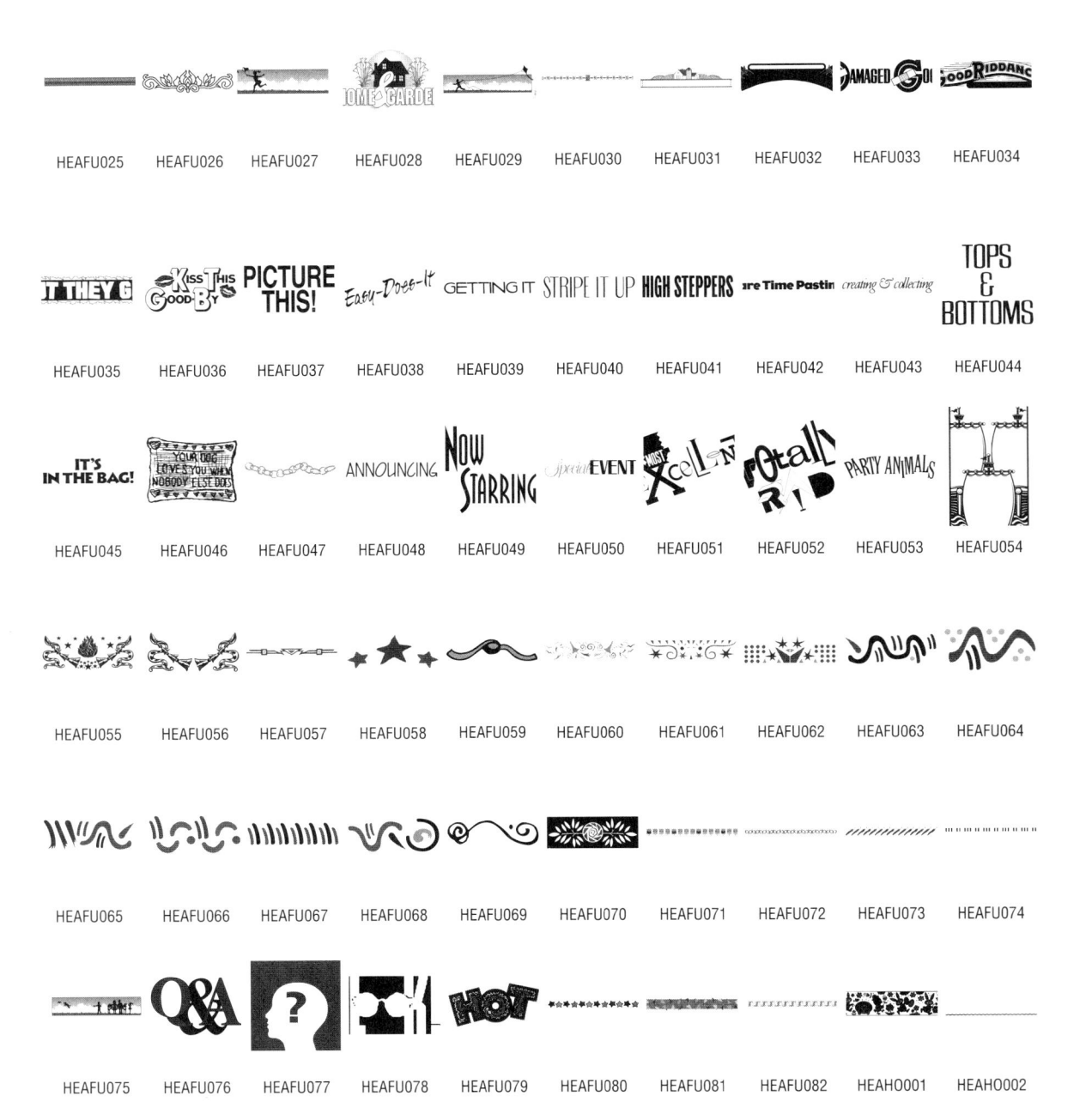

HEAFU025	HEAFU026	HEAFU027	HEAFU028	HEAFU029	HEAFU030	HEAFU031	HEAFU032	HEAFU033	HEAFU034
HEAFU035	HEAFU036	HEAFU037	HEAFU038	HEAFU039	HEAFU040	HEAFU041	HEAFU042	HEAFU043	HEAFU044
HEAFU045	HEAFU046	HEAFU047	HEAFU048	HEAFU049	HEAFU050	HEAFU051	HEAFU052	HEAFU053	HEAFU054
HEAFU055	HEAFU056	HEAFU057	HEAFU058	HEAFU059	HEAFU060	HEAFU061	HEAFU062	HEAFU063	HEAFU064
HEAFU065	HEAFU066	HEAFU067	HEAFU068	HEAFU069	HEAFU070	HEAFU071	HEAFU072	HEAFU073	HEAFU074
HEAFU075	HEAFU076	HEAFU077	HEAFU078	HEAFU079	HEAFU080	HEAFU081	HEAFU082	HEAHO001	HEAHO002

Clipart & Fonts

HEAH0003	HEAH0004	HEAH0005	HEAH0006	HEAH0007	HEAH0008	HEAH0009	HEAH0010	HEAH0011	HEAH0012
HEAH0013	HEAH0014	HEAH0015	HEAH0016	HEAH0017	HEAH0018	HEAH0019	HEAH0020	HEAH0021	HEAH0022
HEAH0023	HEAH0024	HEAH0025	HEAH0026	HEAPS001	HEAPS002	HEAPS003	HEAPS004	HEAPS005	HEAPS006
HEAPS007	HEAPS008	HEAPS009	HEAPS010	HEAPS011	HEAPS012	HEAPS013	HEAPS014	HEASE001	HEASE002
HEASE003	HEASE004	HEASE005	HEASE006	HEASE007	HEASE008	HEASE009	HEASE010	HEASE011	HEASE012
HEASE013	HEASE014	HEASE015	HEASE016	HEASE017	HEASE018	HEASE019	HEASE020	HEASE021	HEASE022

FreeHand

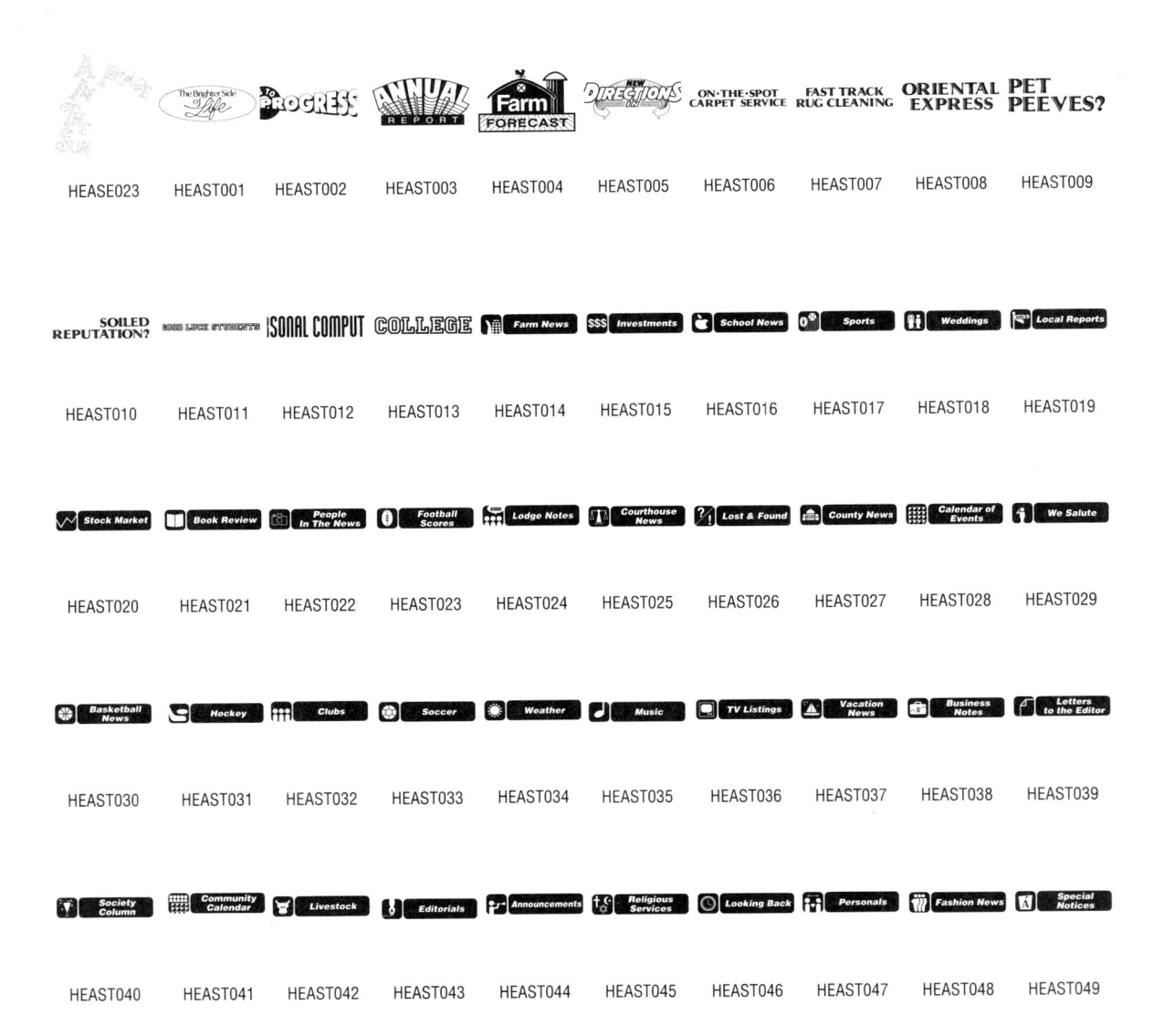

HEASE023	HEAST001	HEAST002	HEAST003	HEAST004	HEAST005	HEAST006	HEAST007	HEAST008	HEAST009	
HEAST010	HEAST011	HEAST012	HEAST013	HEAST014	HEAST015	HEAST016	HEAST017	HEAST018	HEAST019	
HEAST020	HEAST021	HEAST022	HEAST023	HEAST024	HEAST025	HEAST026	HEAST027	HEAST028	HEAST029	
HEAST030	HEAST031	HEAST032	HEAST033	HEAST034	HEAST035	HEAST036	HEAST037	HEAST038	HEAST039	
HEAST040	HEAST041	HEAST042	HEAST043	HEAST044	HEAST045	HEAST046	HEAST047	HEAST048	HEAST049	

Clipart & Fonts

holidays	HOLJU001	HOLJU002
HOLJU003	HOLJU004	HOLJU005
HOLJU006	HOLJU007	HOLJU008	HOLJU009

HOLJU010 HOLJU011 HOLJU012 HOLJU013 HOLJU014 HOLJU015 HOLJU016 HOLJU017 HOLJU018 HOLJU019

HOLJU020 HOLJU021 HOLJU022 HOLJU023 HOLJU024 HOLJU025 HOLJU026 HOLJU027 HOLJU028 HOLJU029

HOLJU030 HOLJU031 HOLJU032 HOLJU033 HOLJU034 HOLJU035 HOLJU036 HOLJU037 HOLJU038 HOLJU039

HOLCH001 HOLCH002 HOLCH003 HOLCH004 HOLCH005 HOLCH006 HOLCH007 HOLCH008 HOLCH009 HOLCH010

HOLCH011 HOLCH012 HOLCH013 HOLCH014 HOLCH015 HOLCH016 HOLCH017 HOLCH018 HOLCH019 HOLCH020

91

FreeHand

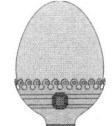

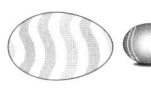

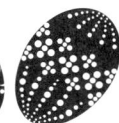

HOLCH021	HOLCH022	HOLCH023	HOLCH024	HOLCH025	HOLCH026	HOLCH027	HOLCH028	HOLCH029	HOLEA001
HOLEA002	HOLEA003	HOLEA004	HOLEA005	HOLEA006	HOLEA007	HOLEA008	HOLEA009	HOLEA010	HOLEA011
HOLEA012	HOLEA013	HOLEA014	HOLEA015	HOLEA016	HOLEA017	HOLEA018	HOLEA019	HOLEA020	HOLEA021
HOLEA022	HOLEA023	HOLEA024	HOLEA025	HOLEA026	HOLEA027	HOLEA028	HOLEA029	HOLEA030	HOLEA031
HOLEA032	HOLHW001	HOLHW002	HOLHW003	HOLHW004	HOLHW005	HOLHW006	HOLHW007	HOLHW008	HOLHW009
HOLHW010	HOLHW011	HOLHW012	HOLHW013	HOLHW014	HOLHW015	HOLHW016	HOLHW017	HOLHW018	HOLHW019	HOLHW020

CLIPART & FONTS

HOLHW021	HOLHW022	HOLHW023	HOLHW024	HOLHW025	HOLHW026	HOLHW027	HOLHW028	HOLHW029	HOLHW030
HOLHW031	HOLHW032	HOLHW033	HOLHW034	HOLHW035	HOLHW036	HOLHW037	HOLHW038	HOLHW039	HOLHW040
HOLHW041	HOLHW042	HOLHW043	HOLHW044	HOLHW045	HOLHW046	HOLHW047	HOLHW048	HOLHW049	HOLHW050
HOLHW051	HOLHW052	HOLHW053	HOLHW054	HOLHW055	HOLHW056	HOLHW057	HOLHW058	HOLHW059	HOLHW060
HOLHW061	HOLHW062	HOLHW063	HOLHW064	HOLHW065	HOLHW066	HOLHW067	HOLHW068	HOLHW069	HOLHW070
HOLHW071	HOLHW072	HOLHW073	HOLHW074	HOLHW075	HOLHW076	HOLMI001	HOLMI002	HOLMI003	HOLMI004

FreeHand

HOLMI005	HOLMI006	HOLMI007	HOLMI008	HOLMI009	HOLMI010	HOLMI011	HOLMI012	HOLMF001	HOLMF002
HOLMF003	HOLMF004	HOLMF005	HOLMF006	HOLNY001	HOLNY002	HOLNY003	HOLNY004	HOLNY005	HOLNY006
HOLNY007	HOLNY008	HOLNY009	HOLNY010	HOLNY011	HOLNY012	HOLNY013	HOLNY014	HOLNY015	HOLNY016
HOLNY017	HOLNY018	HOLSP001	HOLSP002	HOLSP003	HOLSP004	HOLSP005	HOLSP006	HOLSP007	HOLSP008
HOLSP009	HOLSP010	HOLSP011	HOLSP012	HOLSP013	HOLSP014	HOLSP015	HOLSP016	HOLSP017	HOLTG001
HOLTG002	HOLTG003	HOLTG004	HOLTG005	HOLTG006	HOLTG007	HOLTG008	HOLTG009	HOLTG010	HOLTG011

Clipart & Fonts

| HOLTG012 | HOLTG013 | HOLTG014 | HOLTG015 | HOLTG016 | HOLTG017 | HOLTG018 | HOLTG019 | HOLTG020 | HOLTG021 |

| HOLTG022 | HOLTG023 | HOLTG024 | HOLTG025 | HOLTG026 | HOLTG027 | HOLTG028 | HOLTG029 | HOLTG030 | HOLTG031 |

| HOLTG032 | HOLTG033 | HOLTG034 | HOLTG035 | HOLTG036 | HOLTG037 | HOLTG038 | HOLTG039 | HOLTG040 | HOLTG041 |

| HOLTG042 | HOLTG043 | HOLTG044 | HOLTG045 | HOLTG046 | HOLTG047 | HOLTG048 | HOLTG049 | HOLTG050 | HOLTG051 |

| HOLTG052 | HOLTG053 | HOLTG054 | HOLVD001 | HOLVD002 | HOLVD003 | HOLVD004 | HOLVD005 | HOLVD006 | HOLVD007 |

| HOLVD008 | HOLVD009 | HOLVD010 | HOLVD011 | HOLVD012 | HOLVD013 | HOLVD014 | HOLVD015 | HOLVD016 | HOLVD017 |

95

FreeHand

HOLVD018	HOLVD019	HOLVD020	HOLXM001	HOLXM002	HOLXM003	HOLXM004	HOLXM005	HOLXM006	HOLXM007
HOLXM008	HOLXM009	HOLXM010	HOLXM011	HOLXM012	HOLXM013	HOLXM014	HOLXM015	HOLXM016	HOLXM017
HOLXM018	HOLXM019	HOLXM020	HOLXM021	HOLXM022	HOLXM023	HOLXM024	HOLXM025	HOLXM026	HOLXM027
HOLXM028	HOLXM029	HOLXM030	HOLXM031	HOLXM032	HOLXM033	HOLXM034	HOLXM035	HOLXM036	HOLXM037
HOLXM038	HOLXM039	HOLXM040	HOLXM041	HOLXM042	HOLXM043	HOLXM044	HOLXM045	HOLXM046	HOLXM047
HOLXM048	HOLXM049	HOLXM050	HOLXM051	HOLXM052	HOLXM053	HOLXM054	HOLXM055	HOLXM056	HOLXM057

Clipart & Fonts

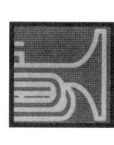

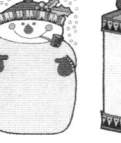

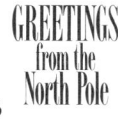

HOLXM058	HOLXM059	HOLXM060	HOLXM061	HOLXM062	HOLXM063	HOLXM064	HOLXM065	HOLXM066	HOLXM067
HOLXM068	HOLXM069	HOLXM070	HOLXM071	HOLXM072	HOLXM073	HOLXM074	HOLXM075	HOLXM076	HOLXM077
HOLXM078	HOLXM079	HOLXM080	HOLXM081	HOLXM082	HOLXM083	HOLXM084	HOLXM085	HOLXM086	HOLXM087
HOLXM088	HOLXM089	HOLXM090	HOLXM091	HOLXM092	HOLXM093	HOLXM094	HOLXM095	HOLXM096	HOLXM097
HOLXM098	HOLXM099	HOLXM100	HOLXM101	HOLXM102	HOLXM103	HOLXM104	HOLXM105	HOLXM106	HOLXM107
HOLXM108	HOLXM109	HOLXM110	HOLXM111	HOLXM112	HOLXM113	HOLXM114	HOLXM115	HOLXM116	HOLXM117

FreeHand

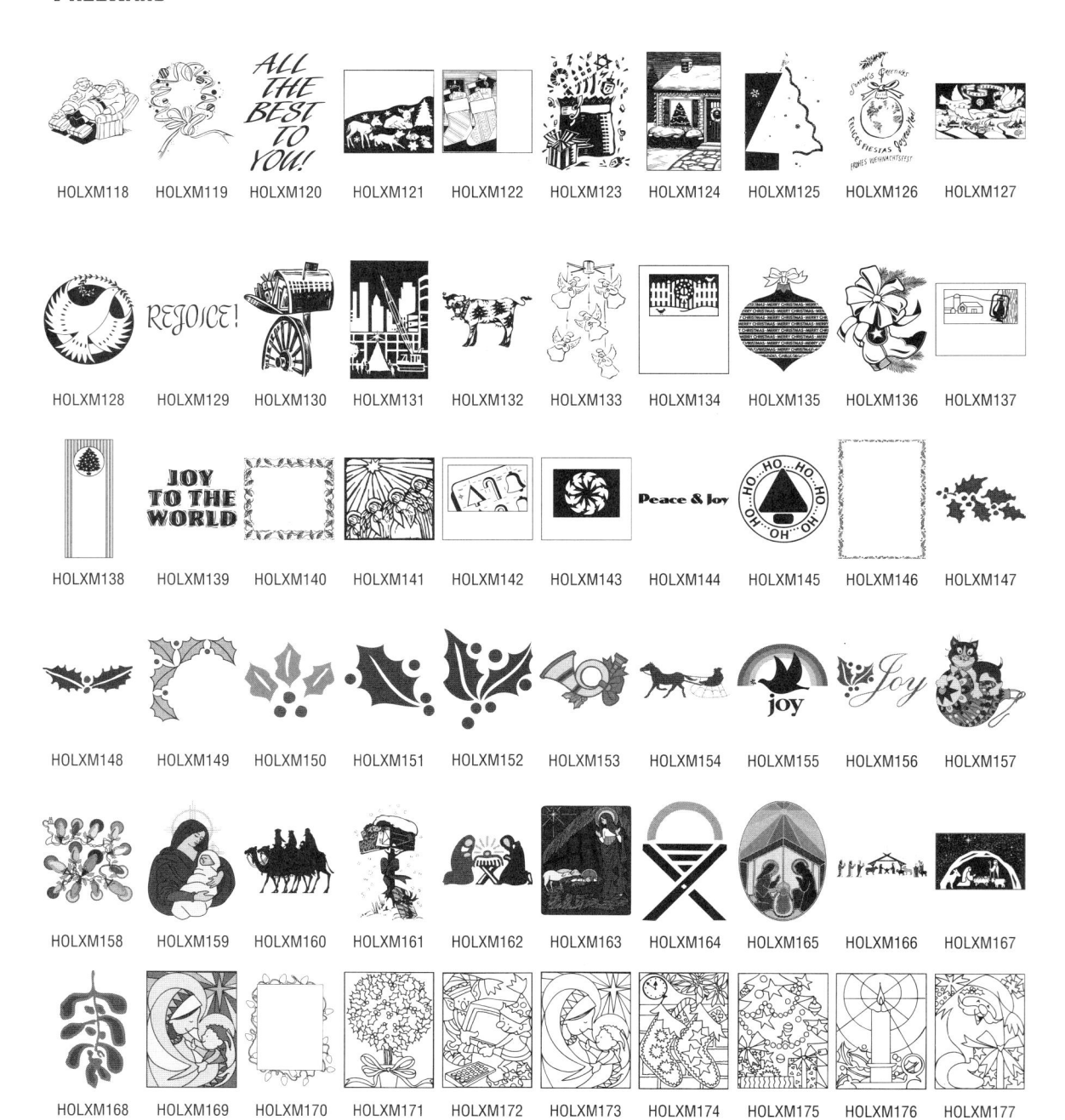

HOLXM118	HOLXM119	HOLXM120	HOLXM121	HOLXM122	HOLXM123	HOLXM124	HOLXM125	HOLXM126	HOLXM127
HOLXM128	HOLXM129	HOLXM130	HOLXM131	HOLXM132	HOLXM133	HOLXM134	HOLXM135	HOLXM136	HOLXM137
HOLXM138	HOLXM139	HOLXM140	HOLXM141	HOLXM142	HOLXM143	HOLXM144	HOLXM145	HOLXM146	HOLXM147
HOLXM148	HOLXM149	HOLXM150	HOLXM151	HOLXM152	HOLXM153	HOLXM154	HOLXM155	HOLXM156	HOLXM157
HOLXM158	HOLXM159	HOLXM160	HOLXM161	HOLXM162	HOLXM163	HOLXM164	HOLXM165	HOLXM166	HOLXM167
HOLXM168	HOLXM169	HOLXM170	HOLXM171	HOLXM172	HOLXM173	HOLXM174	HOLXM175	HOLXM176	HOLXM177

Clipart & Fonts

HOLXM178	HOLXM179	HOLXM180	HOLXM181	HOLXM182	HOLXM183	HOLXM184	HOLXM185	HOLXM186	HOLXM187
HOLXM188	HOLXM189	HOLXM190	HOLXM191	HOLXM192	HOLXM193	HOLXM194	HOLXM195	HOLXM196	HOLXM197
HOLXM198	HOLXM199	HOLXM200	HOLXM201	HOLXM202	HOLXM203	HOLXM204	HOLXM205	HOLXM206	HOLXM207
HOLXM208	HOLXM209	HOLXM210	HOLXM211	HOLXM212	HOLXM213	HOLXM214	HOLXM215	HOLXM216	HOLXM217
HOLXM218	HOLXM219	HOLXM220	HOLXM221	HOLXM222	HOLXM223	HOLXM224	HOLXM225	HOLXM226	HOLXM227
HOLXM228	HOLXM229	HOLXM230	HOLXM231	HOLXM232	HOLXM233	HOLXM234	HOLXM235	HOLXM236	HOLXM237

FreeHand

| HOLXM238 | HOLXM239 | HOLXM240 | HOLXM241 | HOLXM242 | HOLXM243 | HOLXM244 | HOLXM245 | HOLXM246 | HOLXM247 |

| HOLXM248 | HOLXM249 | HOLXM250 | HOLXM251 | HOLXM252 | HOLXM253 | HOLXM254 | HOLXM255 | HOLXM256 | HOLXM257 |

| HOLXM258 | HOLXM259 | HOLXM260 | HOLXM261 | HOLXM262 | HOLXM263 | HOLXM264 | HOLXM265 | HOLXM266 | HOLXM267 |

| HOLXM268 | HOLXM269 | HOLXM270 | HOLXM271 | HOLXM272 | HOLXM273 | HOLXM274 | HOLXM275 | HOLXM276 | HOLXM277 |

| HOLXM278 | HOLXM279 | HOLXM280 | HOLXM281 | HOLXM282 | HOLXM283 | HOLXM284 | HOLXM285 | HOLXM286 | HOLXM287 |

| HOLXM288 | HOLXM289 | HOLXM290 | HOLXM291 | HOLXM292 | HOLXM293 | HOLXM294 | HOLXM295 | HOLXM296 | HOLXM297 |

Clipart & Fonts

HOLXM298	HOLXM299	HOLXM300
HOLXM301	HOLXM302	HOLXM303
HOLXM304	HOLXM305	HOLXM306
HOLXM307	HOLXM308	HOLXM309
HOLXM310	HOLXM311	HOLXM312
HOLXM313	HOLXM314	HOLXM315
HOLXM316	HOLXM317	HOLXM318
HOLXM319	HOLXM320	HOLXM321
HOLXM322	HOLXM323	HOLXM324
HOLXM325	HOLXM326	HOLXM327
HOLXM328	HOLXM329	HOLXM330
HOLXM331	HOLXM332	HOLXM333
HOLXM334	HOLXM335	HOLXM336
HOLXM337	HOLXM338	HOLXM339
HOLXM340	HOLXM341	HOLXM342
HOLXM343	HOLXM344	HOLXM345
HOLXM346	HOLXM347	HOLXM348
HOLXM349	HOLXM350	HOLXM351
HOLXM352	HOLXM353	HOLXM354
HOLXM355	HOLXM356	HOLXM357

101

FreeHand

HOLXM358	HOLXM359	HOLXM360	HOLXM361	HOLXM362	HOLXM363	HOLXM364	HOLXM365	HOLXM366	HOLXM367
HOLXM368	HOLXM369	HOLXM370	HOLXM371	HOLXM372	HOLXM373	HOLXM374	HOLXM375	HOLXM376	HOLXM377
HOLXM378	HOLXM379	HOLXM380	HOLXM381	HOLXM382	HOLXM383	HOLXM384	HOLXM385	HOLXM386	HOLXM387
HOLXM388	HOLXM389	HOLXM390	HOLXM391	HOLXM392	HOLXM393				

Clipart & Fonts

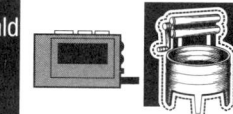

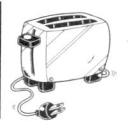

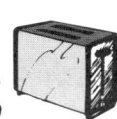

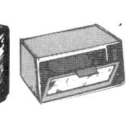

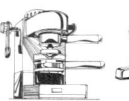

househld	HOUAP001	HOUAP002	HOUAP003	HOUAP004	HOUAP005	HOUAP006	HOUAP007	HOUAP008	HOUAP009		
HOUAP010	HOUAP011	HOUAP012	HOUAP013	HOUAP014	HOUAP015	HOUAP016	HOUAP017	HOUAP018	HOUAP019		
HOUAP020	HOUAP021	HOUAP022	HOUAP023	HOUAP024	HOUAP025	HOUAP026	HOUAP027	HOUAP028	HOUAP029		
HOUAP030	HOUAP031	HOUAP032	HOUAP033	HOUAP034	HOUAP035	HOUAP036	HOUAP037	HOUAP038	HOUAP039		
HOUAP040	HOUAP041	HOUAP042	HOUAP043	HOUAP044	HOUAP045	HOUEL001	HOUEL002	HOUEL003	HOUEL004		
HOUEL005	HOUEL006 (CAMERA)	HOUEL007	HOUEL008	HOUEL009	HOUEL010	HOUEL011	HOUEL012	HOUEL013	HOUEL014		

103

FreeHand

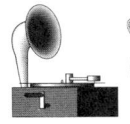

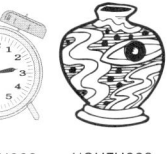

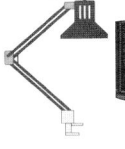

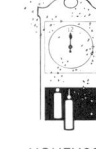

HOUEL015	HOUEL016	HOUEL017	HOUEL018	HOUEL019	HOUEL020	HOUEL021	HOUEL022	HOUEL023	HOUEL024
HOUEL025	HOUEL026	HOUEL027	HOUEL028	HOUEL029	HOUEL030	HOUEL031	HOUEL032	HOUEL033	HOUEL034
HOUEL035	HOUFU001	HOUFU002	HOUFU003	HOUFU004	HOUFU005	HOUFU006	HOUFU007	HOUFU008	HOUFU009
HOUFU010	HOUFU011	HOUFU012	HOUFU013	HOUFU014	HOUFU015	HOUFU016	HOUFU017	HOUFU018	HOUFU019
HOUFU020	HOUFU021	HOUFU022	HOUFU023	HOUFU024	HOUFU025	HOUFU026	HOUFU027	HOUFU028	HOUFU029
HOUFU030	HOUFU031	HOUFU032	HOUFU033	HOUFU034	HOUFU035	HOUFU036	HOUFU037	HOUFU038	HOUFU039

Clipart & Fonts

HOUFU040	HOUFU041	HOUFU042	HOUFU043	HOUFU044	HOUFU045	HOUFU046	HOUFU047	HOUFU048	HOUFU049	
HOUFU050	HOUFU051	HOUFU052	HOUFU053	HOUFU054	HOUFU055	HOUFU056	HOUFU057	HOUFU058	HOUFU059	
HOUFU060	HOUFU061	HOUFU062	HOUFU063	HOUFU064	HOUFU065	HOUFU066	HOUFU067	HOUFU068	HOUFU069	
HOUFU070	HOUFU071	HOUFU072	HOUFU073	HOUFU074	HOUFU075	HOUFU076	HOUFU077	HOUFU078	HOUFU079	
HOUFU080	HOUFU081	HOUFU082	HOUFU083	HOUFU084	HOUFU085	HOUFU086	HOUFU087	HOUFU088	HOUFU089	
HOUFU090	HOUFU091	HOUFU092	HOUFU093	HOUFU094	HOUFU095	HOUFU096	HOUFU097	HOUFU098	HOUFU099	

FreeHand

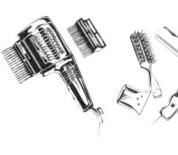

HOUFU100	HOUFU101	HOUFU102	HOUFU103	HOUFU104	HOUFU105	HOUFU106	HOUFU107	HOUFU108	HOUFU109
HOUFU110	HOUFU111	HOUFU112	HOUFU113	HOUFU114	HOUFU115	HOUFU116	HOUFU117	HOUFU118	HOUFU119
HOUFU120	HOUFU121	HOUFU122	HOUFU123	HOUFU124	HOUFU125	HOUFU126	HOUFU127	HOUFU128	HOUFU129
HOUFU130	HOUFU131	HOUFU132	HOUFU133	HOUFU134	HOUFU135	HOUHB001	HOUHB002	HOUHB003	HOUHB004
HOUHB005	HOUHB006	HOUHB007	HOUHB008	HOUHB009	HOUHB010	HOUHB011	HOUHB012	HOUHB013	HOUHB014
HOUHB015	HOUHB016	HOUHB017	HOUHB018	HOUHB019	HOUHB020	HOUHB021	HOUHB022	HOUHB023	HOUHB024

Clipart & Fonts

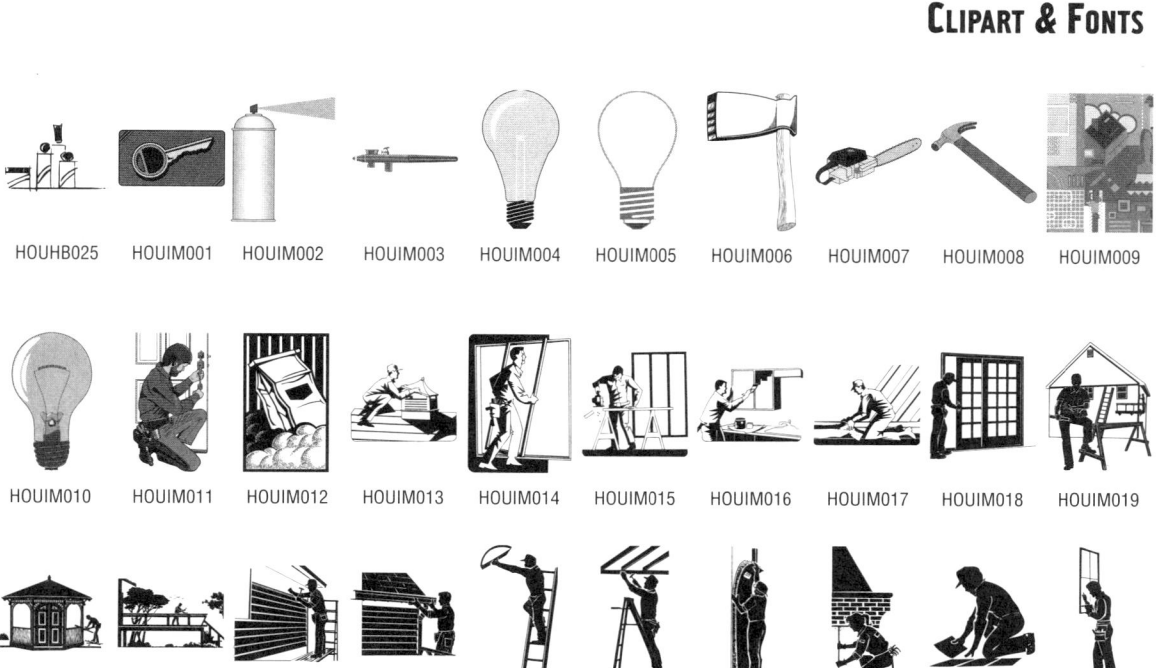

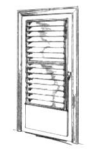

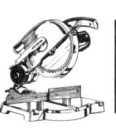

HOUHB025	HOUIM001	HOUIM002	HOUIM003
HOUIM004	HOUIM005	HOUIM006	HOUIM007
HOUIM008	HOUIM009	HOUIM010	HOUIM011
HOUIM012	HOUIM013	HOUIM014	HOUIM015
HOUIM016	HOUIM017	HOUIM018	HOUIM019
HOUIM020	HOUIM021	HOUIM022	HOUIM023
HOUIM024	HOUIM025	HOUIM026	HOUIM027
HOUIM028	HOUIM029	HOUIM030	HOUIM031
HOUIM032	HOUIM033	HOUIM034	HOUIM035
HOUIM036	HOUIM037	HOUIM038	HOUIM039
HOUIM040	HOUIM041	HOUIM042	HOUIM043
HOUIM044	HOUIM045	HOUIM046	HOUIM047
HOUIM048	HOUIM049	HOUIM050	HOUIM051
HOUIM052	HOUIM053	HOUIM054	HOUIM055
HOUIM056	HOUIM057	HOUIM058	HOUIM059

FreeHand

HOUIM060	HOUIM061	HOUIM062	HOUIM063	HOUIM064	HOUIM065	HOUIM066	HOUIM067	HOUIM068	HOUIM069
HOUIM070	HOUIM071	HOUIM072	HOUIM073	HOUIM074	HOUIM075	HOUIM076	HOUIM077	HOUIM078	HOUIM079
HOUIM080	HOUIM081	HOUIM082	HOUIM083	HOUIM084	HOUIM085	HOUIM086	HOUIM087	HOUIM088	HOUIM089
HOUIM090	HOUIM091	HOUIM092	HOUIM093	HOUIM094	HOUIM095	HOUIM096	HOUIM097	HOUIM098	HOUIM099
HOUIM100	HOUIM101	HOUIM102	HOUIM103	HOUIM104	HOUIM105	HOUIM106	HOUIM107	HOUIM108	HOUIM109
HOUIM110	HOUIM111	HOUIM112	HOUIM113	HOUIM114	HOUIM115	HOUIM116	HOUKI001	HOUKI002	HOUKI003

Clipart & Fonts

HOUKI004	HOUKI005	HOUKI006	HOUKI007	HOUKI008	HOUKI009	HOUKI010	HOUKI011	HOUKI012	HOUKI013
HOUKI014	HOUKI015	HOUKI016	HOUKI017	HOUKI018	HOUKI019	HOUKI020	HOUKI021	HOUKI022	HOUKI023
HOUKI024	HOUKI025	HOUKI026	HOUKI027	HOUKI028	HOUKI029	HOUKI030	HOUKI031	HOUKI032	HOUKI033
HOUKI034	HOUKI035	HOUKI036	HOUKI037	HOUKI038	HOUKI039	HOUKI040	HOUKI041	HOUKI042	HOUKI043
HOUKI044	HOUKI045	HOUKI046	HOUKI047	HOUKI048	HOUKI049	HOUKI050	HOUKI051	HOUKI052	HOUKI053
HOUKI054	HOUKI055	HOUKI056	HOUKI057	HOUKI058	HOUKI059	HOUKI060	HOUKI061	HOUKI062	HOUKI063

FreeHand

HOUKI064	HOUKI065	HOUKI066	HOUKI067	HOUKI068	HOUKI069
HOUKI070	HOUKI071	HOUKI072	HOUKI073		
HOUKI074	HOUKI075	HOUKI076	HOUKI077	HOUKI078	HOUKI079
HOUKI080	HOUKI081	HOUKI082	HOUKI083		
HOUKI084	HOUKI085	HOUKI086	HOUKI087	HOUKI088	HOUKI089
HOUKI090	HOUKI091	HOUKI092	HOUKI093		
HOUKI094	HOUKI095	HOUKI096	HOUKI097	HOUKI098	HOUKI099
HOUKI100	HOUKI101	HOUKI102	HOUKI103		
HOUKI104	HOUKI105	HOUKI106	HOULO001	HOULO002	HOULO003
HOULO004	HOULO005	HOULO006	HOULO007		
HOULO008	HOULO009	HOULO010	HOULO011	HOULO012	HOULO013
HOULO014	HOULO015	HOULO016	HOULO017		

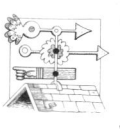

Clipart & Fonts

HOUYA001	HOUYA002	HOUYA003	HOUYA004
HOUYA005	HOUYA006	HOUYA007	HOUYA008
HOUYA009	HOUYA010	HOUYA011	HOUYA012
HOUYA013	HOUYA014	HOUYA015	HOUYA016
HOUYA017	HOUYA018	HOUYA019	HOUYA020
HOUYA021	HOUYA022	HOUYA023	HOUYA024
HOUYA025	HOUYA026	HOUYA027	HOUYA028
HOUYA029	HOUYA030	HOUYA031	HOUYA032
HOUYA033	HOUYA034	HOUYA035	HOUYA036
HOUYA037	HOUYA038	HOUYA039	HOUYA040
HOUYA041	HOUYA042	HOUYA043	HOUYA044
HOUYA045	HOUYA046	HOUYA047	HOUYA048
HOUYA049	HOUYA050	HOUYA051	HOUYA052
HOUYA053	HOUYA054	HOUYA055	HOUYA056
HOUYA057	HOUYA058	HOUYA059	HOUYA060

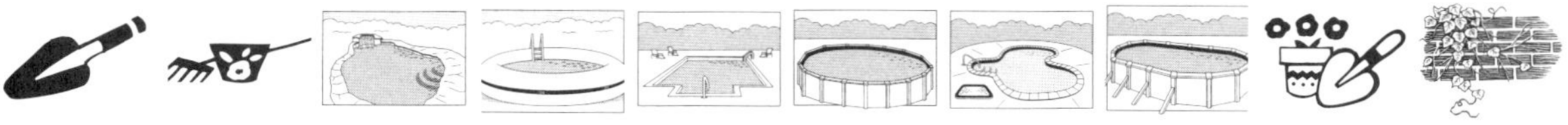

111

FreeHand

HOUYA061   HOUYA062   HOUYA063   HOUYA064

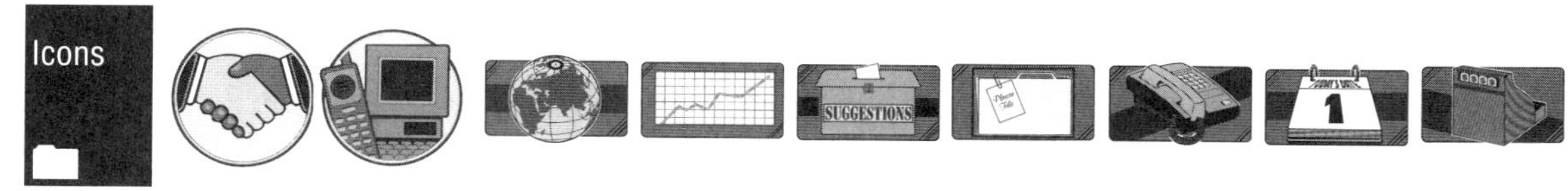

Clipart & Fonts

icons	ICOBU001	ICOBU002

ICOBU003 ICOBU004 ICOBU005 ICOBU006 ICOBU007 ICOBU008 ICOBU009

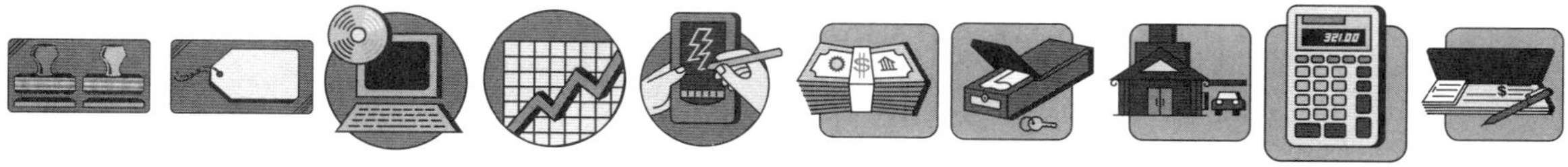

ICOBU010 ICOBU011 ICOBU012 ICOBU013 ICOBU014 ICOBU015 ICOBU016 ICOBU017 ICOBU018 ICOBU019

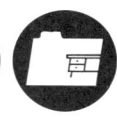

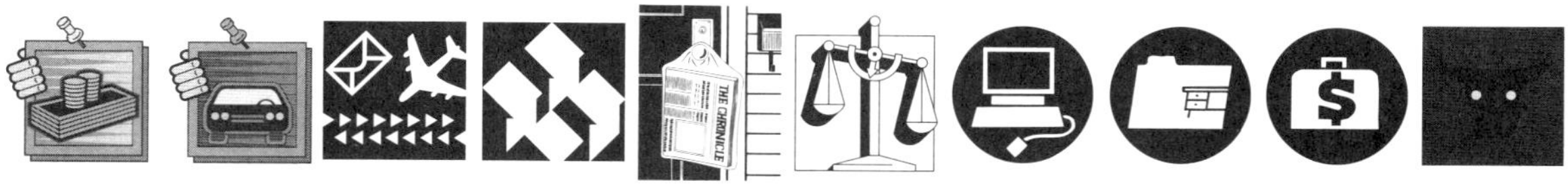

ICOBU020 ICOBU021 ICOBU022 ICOBU023 ICOBU024 ICOBU025 ICOBU026 ICOBU027 ICOBU028 ICOBU029

ICOBU030 ICOBU031 ICOBU032 ICOBU033 ICOBU034 ICOBU035 ICOBU036 ICOBU037 ICOBU038 ICOBU039

ICOBU040 ICOBU041 ICOBU042 ICOBU043 ICOBU044 ICOBU045 ICOBU046 ICOBU047 ICOBU048 ICOBU049

ICOBU050 ICOBU051 ICOBU052 ICOBU053 ICOBU054 ICOBU055 ICOBU056 ICOBU057 ICOBU058 ICOBU059

FreeHand

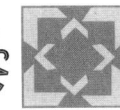

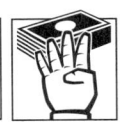

ICOBU060	ICOBU061	ICOBU062	ICOBU063	ICOBU064	ICOBU065
ICOBU066	ICOBU067	ICOBU068	ICOBU069		
ICOBU070	ICOBU071	ICOBU072	ICOBU073	ICOBU074	ICOBU075
ICOBU076	ICOBU077	ICOBU078	ICOBU079		
ICOBU080	ICOBU081	ICOBU082	ICOBU083	ICOBU084	ICOBU085
ICOBU086	ICOBU087	ICOBU088	ICOBU089		
ICOBU090	ICOBU091	ICOBU092	ICOBU093	ICOBU094	ICOBU095
ICOBU096	ICOBU097	ICOBU098	ICOBU099		
ICOBU100	ICOBU101	ICOBU102	ICOBU103	ICOBU104	ICOBU105
ICOBU106	ICOBU107	ICOBU108	ICOBU109		
ICOBU110	ICOBU111	ICOBU112	ICOBU113	ICOBU114	ICOED001
ICOED002	ICOED003	ICOED004	ICOED005		

CLIPART & FONTS

ICOED006	ICOED007	ICOED008	ICOED009	ICOED010	ICOED011	ICOED012	ICOED013	ICOED014	ICOED015
ICOED016	ICOED017	ICOED018	ICOED019	ICOED020	ICOED021	ICOED022	ICOED023	ICOED024	ICOED025
ICOED026	ICOED027	ICOED028	ICOED029	ICOED030	ICOED031	ICOED032	ICOED033	ICOED034	ICOED035
ICOED036	ICOED037	ICOED038	ICOED039	ICOED040	ICOEV001	ICOEV002	ICOEV003	ICOEV004	ICOEV005
ICOEV006	ICOEV007	ICOEV008	ICOEV009	ICOEV010	ICOEV011	ICOEV012	ICOEV013	ICOEV014	ICOEV015
ICOEV016	ICOEV017	ICOEV018	ICOEV019	ICOEV020	ICOEV021	ICOEV022	ICOEV023	ICOEV024	ICOEV025

FreeHand

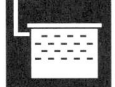

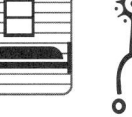

ICOEV026	ICOEV027	ICOEV028	ICOEV029	ICOEV030	ICOEV031	ICOEV032	ICOEV033	ICOEV034	ICOEV035
ICOEV036	ICOEV037	ICOEV038	ICOEV039	ICOEV040	ICOEV041	ICOEV042	ICOEV043	ICOEV044	ICOFO001
ICOFO002	ICOFO003	ICOFO004	ICOFO005	ICOFO006	ICOFO007	ICOFO008	ICOFO009	ICOFO010	ICOFO011
ICOFO012	ICOFO013	ICOFO014	ICOFO015	ICOFO016	ICOFO017	ICOFO018	ICOHO001	ICOHO002	ICOHO003
ICOHO004	ICOHO005	ICOHO006	ICOHO007	ICOHO008	ICOHO009	ICOHO010	ICOHO011	ICOHO012	ICOHO013
ICOHO014	ICOHO015	ICOHO016	ICOHO017	ICOHO018	ICOHO019	ICOHO020	ICOIN001	ICOIN002	ICOIN003

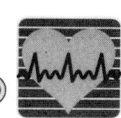

Clipart & Fonts

| ICOIN004 | ICOIN005 | ICOIN006 | ICOIN007 | ICOIN008 | ICOIN009 | ICOIN010 | ICOIN011 | ICOIN012 | ICOIN013 |

| ICOIN014 | ICOIN015 | ICOIN016 | ICOIN017 | ICOIN018 | ICOIN019 | ICOIN020 | ICOIN021 | ICOIN022 | ICOIN023 |

| ICOIN024 | ICOIN025 | ICOIN026 | ICOIN027 | ICOIN028 | ICOIN029 | ICOIN030 | ICOIN031 | ICOIN032 | ICOIN033 |

| ICOIN034 | ICOIN035 | ICOIN036 | ICOIN037 | ICOIN038 | ICOIN039 | ICOIN040 | ICOIN041 | ICOIN042 | ICOIN043 |

| ICOIN044 | ICOIN045 | ICOIN046 | ICOIN047 | ICOIN048 | ICOIN049 | ICOIN050 | ICOIN051 | ICOIN052 | ICOIN053 |

| ICOIN054 | ICOIN055 | ICOIN056 | ICOIN057 | ICOIN058 | ICOIN059 | ICOIN060 | ICOIN061 | ICOIN062 | ICOIN063 |

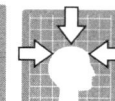

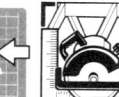

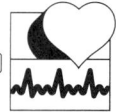

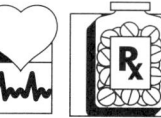

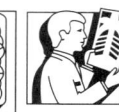

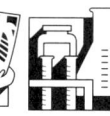

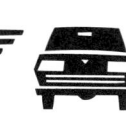

FreeHand

ICOIN064	ICOIN065	ICOIN066	ICOIN067	ICOIN068	ICOIN069	ICOIN070	ICOIN071	ICOIN072	ICOIN073
ICOIN074	ICOIN075	ICOIN076	ICOIN077	ICOIN078	ICOIN079	ICOIN080	ICOIN081	ICOIN082	ICOIN083
ICOIN084	ICOIN085	ICOIN086	ICOIN087	ICOIN088	ICOIN089	ICOIN090	ICOIN091	ICOIN092	ICOOU001
ICOOU002	ICOOU003	ICOOU004	ICOOU005	ICOOU006	ICOOU007	ICOOU008	ICOOU009	ICOOU010	ICOOU011
ICOOU012	ICOOU013	ICOOU014	ICOOU015	ICOOU016	ICOOU017	ICOOU018	ICOOU019	ICOOU020	ICOOU021
ICOOU022	ICOOU023	ICOOU024	ICOOU025	ICOOU026	ICOOU027	ICOOU028	ICOOU029	ICOOU030	ICOOU031

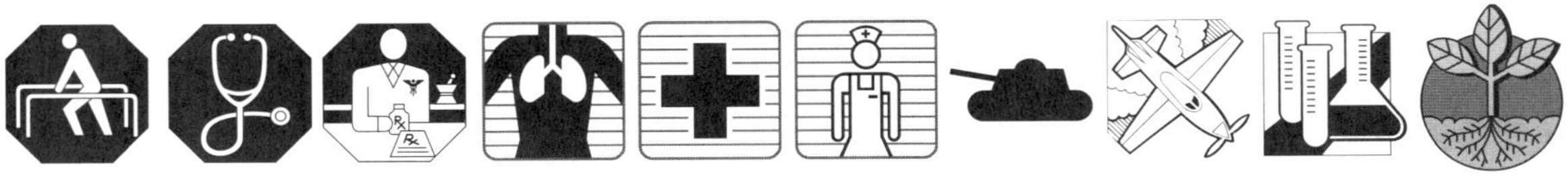

Clipart & Fonts

ICOOU032	ICOOU033	ICOOU034	ICOOU035	ICOOU036	ICOOU037	ICOOU038	ICOOU039	ICOOU040	ICOOU041	
ICOOU042	ICOOU043	ICOOU044	ICOOU045	ICOOU046	ICOOU047	ICOOU048	ICOOU049	ICOOU050	ICOOU051	
ICOOU052	ICOOU053	ICOOU054	ICOOU055	ICOOU056	ICOOU057	ICOOU058	ICOOU059	ICOOU060	ICOOU061	
ICOOU062	ICOOU063	ICOOU064	ICOOU065	ICOOU066	ICOOU067	ICOOU068	ICOOU069	ICOOU070	ICOOU071	
ICOOU072	ICOOU073	ICOOU074	ICOOU075	ICOPE001	ICOPE002	ICOPE003	ICOPE004	ICOPE005	ICOPE006	
ICOPE007	ICOPE008	ICOPE009	ICOPE010	ICOPE011	ICOPE012	ICOPE013	ICOPE014	ICOPE015	ICOPE016	

FreeHand

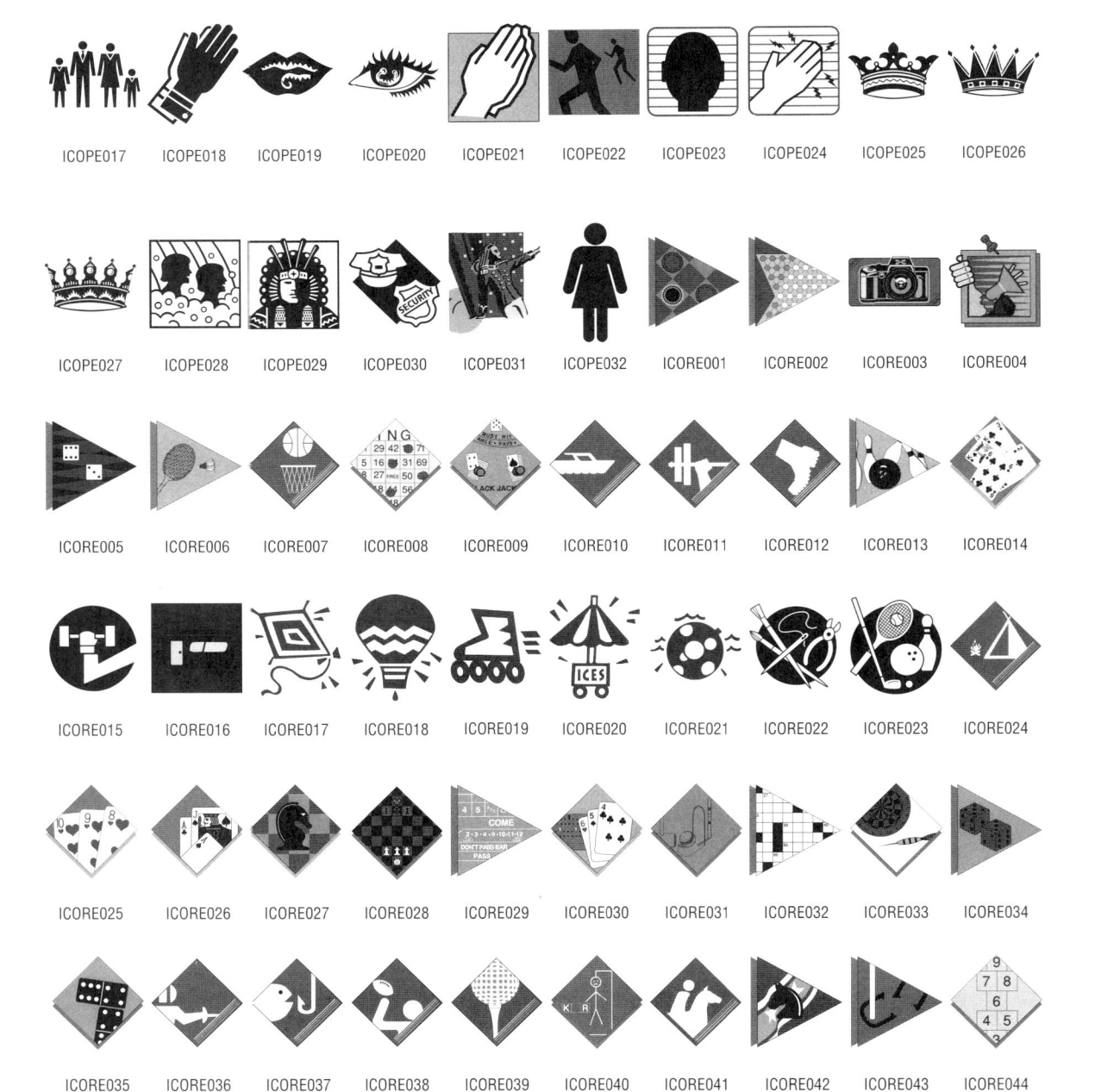

ICOPE017	ICOPE018	ICOPE019	ICOPE020	ICOPE021	ICOPE022	ICOPE023	ICOPE024	ICOPE025	ICOPE026
ICOPE027	ICOPE028	ICOPE029	ICOPE030	ICOPE031	ICOPE032	ICORE001	ICORE002	ICORE003	ICORE004
ICORE005	ICORE006	ICORE007	ICORE008	ICORE009	ICORE010	ICORE011	ICORE012	ICORE013	ICORE014
ICORE015	ICORE016	ICORE017	ICORE018	ICORE019	ICORE020	ICORE021	ICORE022	ICORE023	ICORE024
ICORE025	ICORE026	ICORE027	ICORE028	ICORE029	ICORE030	ICORE031	ICORE032	ICORE033	ICORE034
ICORE035	ICORE036	ICORE037	ICORE038	ICORE039	ICORE040	ICORE041	ICORE042	ICORE043	ICORE044

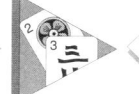

Clipart & Fonts

ICORE045	ICORE046	ICORE047
ICORE048	ICORE049	ICORE050
ICORE051	ICORE052	ICORE053
ICORE054	ICORE055	ICORE056
ICORE057	ICORE058	ICORE059
ICORE060	ICORE061	ICORE062
ICORE063	ICORE064	ICORE065
ICORE066	ICORE067	ICORE068
ICORE069	ICORE070	ICORE071
ICORE072	ICORE073	ICORE074
ICORE075	ICORE076	ICORE077
ICORE078	ICORE079	ICORE080
ICORE081	ICORE082	ICORE083
ICORE084	ICORE085	ICORE086
ICORE087	ICORE088	ICORE089
ICORE090	ICORE091	ICORE092
ICORE093	ICORE094	ICORE095
ICORE096	ICORE097	ICORE098
ICORE099	ICORE100	ICORE101
ICORE102	ICORE103	ICORE104

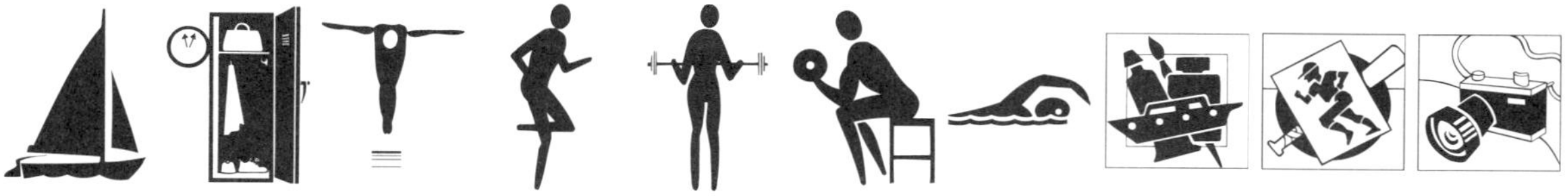

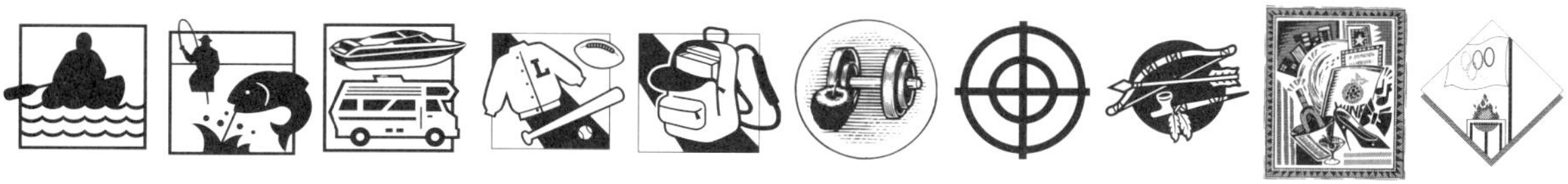

FreeHand

| ICORE105 | ICORE106 | ICORE107 | ICORE108 | ICORE109 | ICORE110 | ICORE111 | ICORE112 | ICORE113 | ICORE114 |

| ICORE115 | ICORE116 | ICORE117 | ICORE118 | ICORE119 |

Clipart & Fonts

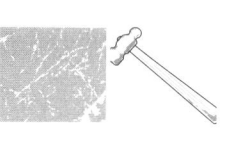

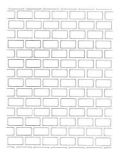

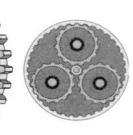

industry	INDCO001	INDCO002	INDCO003	INDCO004	INDCO005	INDCO006	INDCO007	INDCO008	INDCO009	
INDCO010	INDCO011	INDCO012	INDCO013	INDCO014	INDCO015	INDCO016	INDCO017	INDCO018	INDCO019	
INDCO020	INDCO021	INDCO022	INDCO023	INDCO024	INDCO025	INDCO026	INDCO027	INDCO028	INDCO029	
INDCO030	INDCO031	INDCO032	INDCO033	INDCO034	INDCO035	INDCO036	INDCO037	INDCO038	INDCO039	
INDCO040	INDCO041	INDCO042	INDCO043	INDCO044	INDCO045	INDCO046	INDFA001	INDFA002	INDFA003	
INDFA004	INDFA005	INDFA006	INDFA007	INDFA008	INDFA009	INDFA010	INDFA011	INDFA012	INDFA013	

FreeHand

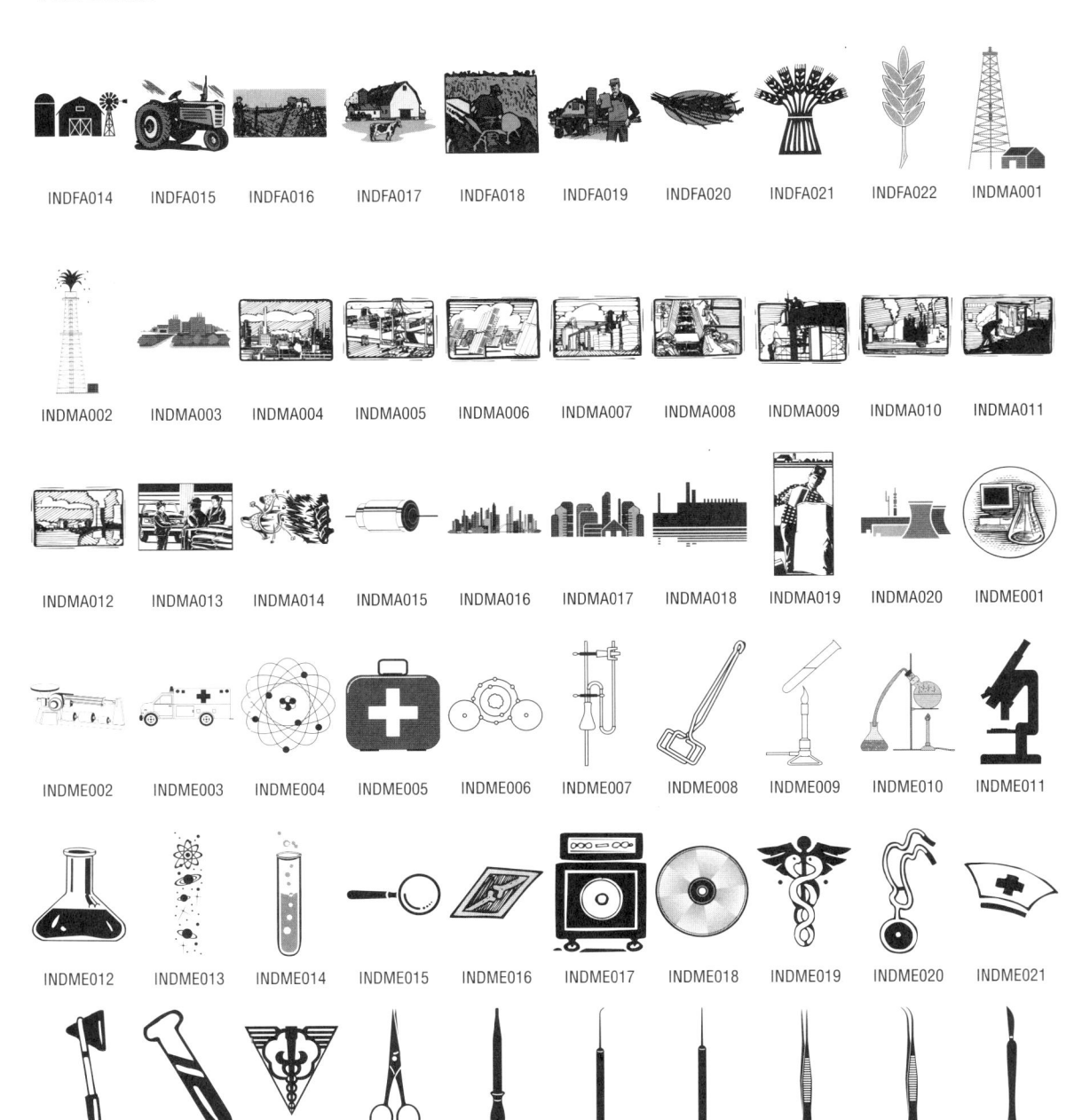

INDFA014	INDFA015	INDFA016	INDFA017	INDFA018	INDFA019	INDFA020	INDFA021	INDFA022	INDMA001	
INDMA002	INDMA003	INDMA004	INDMA005	INDMA006	INDMA007	INDMA008	INDMA009	INDMA010	INDMA011	
INDMA012	INDMA013	INDMA014	INDMA015	INDMA016	INDMA017	INDMA018	INDMA019	INDMA020	INDME001	
INDME002	INDME003	INDME004	INDME005	INDME006	INDME007	INDME008	INDME009	INDME010	INDME011	
INDME012	INDME013	INDME014	INDME015	INDME016	INDME017	INDME018	INDME019	INDME020	INDME021	
INDME022	INDME023	INDME024	INDME025	INDME026	INDME027	INDME028	INDME029	INDME030	INDME031	

Clipart & Fonts

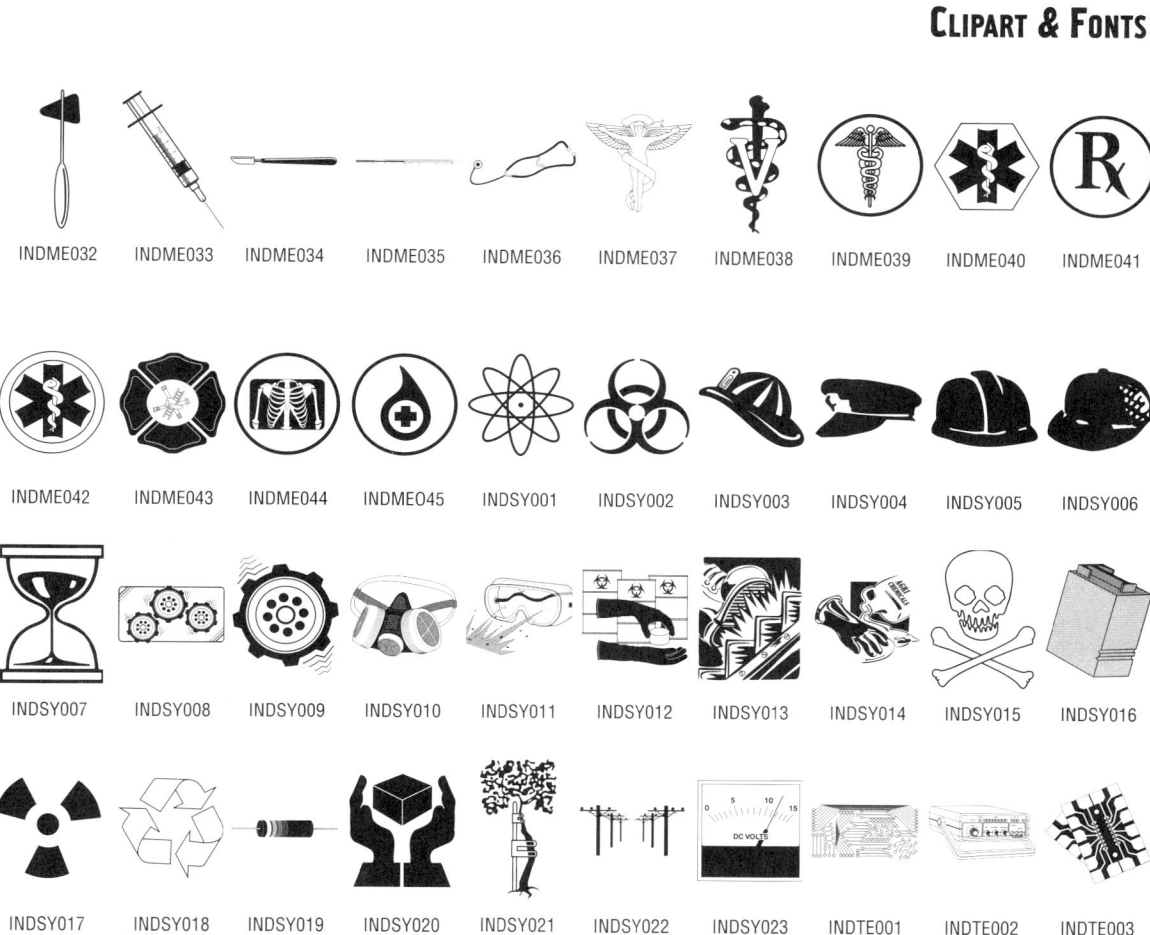

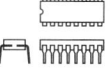

INDME032	INDME033	INDME034	INDME035
INDME036	INDME037	INDME038	INDME039
INDME040	INDME041	INDME042	INDME043
INDME044	INDME045	INDSY001	INDSY002
INDSY003	INDSY004	INDSY005	INDSY006
INDSY007	INDSY008	INDSY009	INDSY010
INDSY011	INDSY012	INDSY013	INDSY014
INDSY015	INDSY016	INDSY017	INDSY018
INDSY019	INDSY020	INDSY021	INDSY022
INDSY023	INDTE001	INDTE002	INDTE003
INDTE004	INDTE005	INDTE006	INDTE007
INDTE008	INDTE009	INDTE010	INDTE011
INDTE012	INDTE013	INDTE014	INDTR001
INDTR002	INDTR003	INDTR004	INDTR005
INDTR006	INDTR007	INDTR008	INDTR009

FreeHand

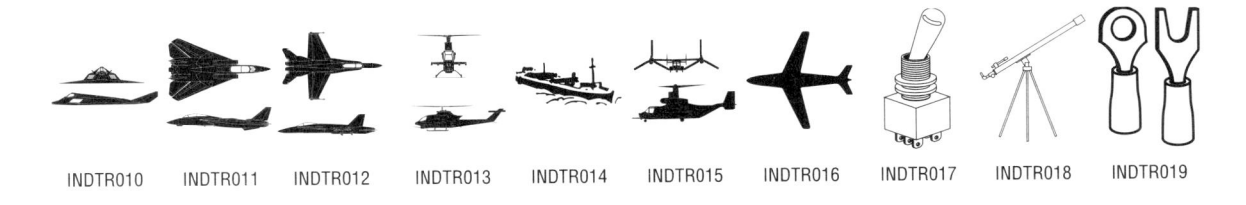

INDTR010　　INDTR011　　INDTR012　　INDTR013　　INDTR014　　INDTR015　　INDTR016　　INDTR017　　INDTR018　　INDTR019

Clipart & Fonts

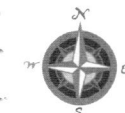

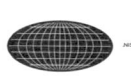

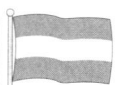

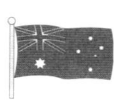

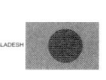

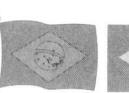

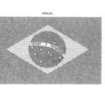

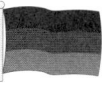

map_flag	MAFGO001	MAFGO002	MAFGO003	MAFGO004	MAFGO005	MAFGO006	MAFGO007	MAFGO008	MAFGO009	
MAFGO010	MAFGO011	MAFGO012	MAFGO013	MAFIN001	MAFIN002	MAFIN003	MAFIN004	MAFIN005	MAFIN006	
MAFIN007	MAFIN008	MAFIN009	MAFIN010	MAFIN011	MAFIN012	MAFIN013	MAFIN014	MAFIN015	MAFIN016	
MAFIN017	MAFIN018	MAFIN019	MAFIN020	MAFIN021	MAFIN022	MAFIN023	MAFIN024	MAFIN025	MAFIN026	
MAFIN027	MAFIN028	MAFIN029	MAFIN030	MAFIN031	MAFIN032	MAFIN033	MAFIN034	MAFIN035	MAFIN036	
MAFIN037	MAFIN038	MAFIN039	MAFIN040	MAFIN041	MAFIN042	MAFIN043	MAFIN044	MAFIN045	MAFIN046	

FreeHand

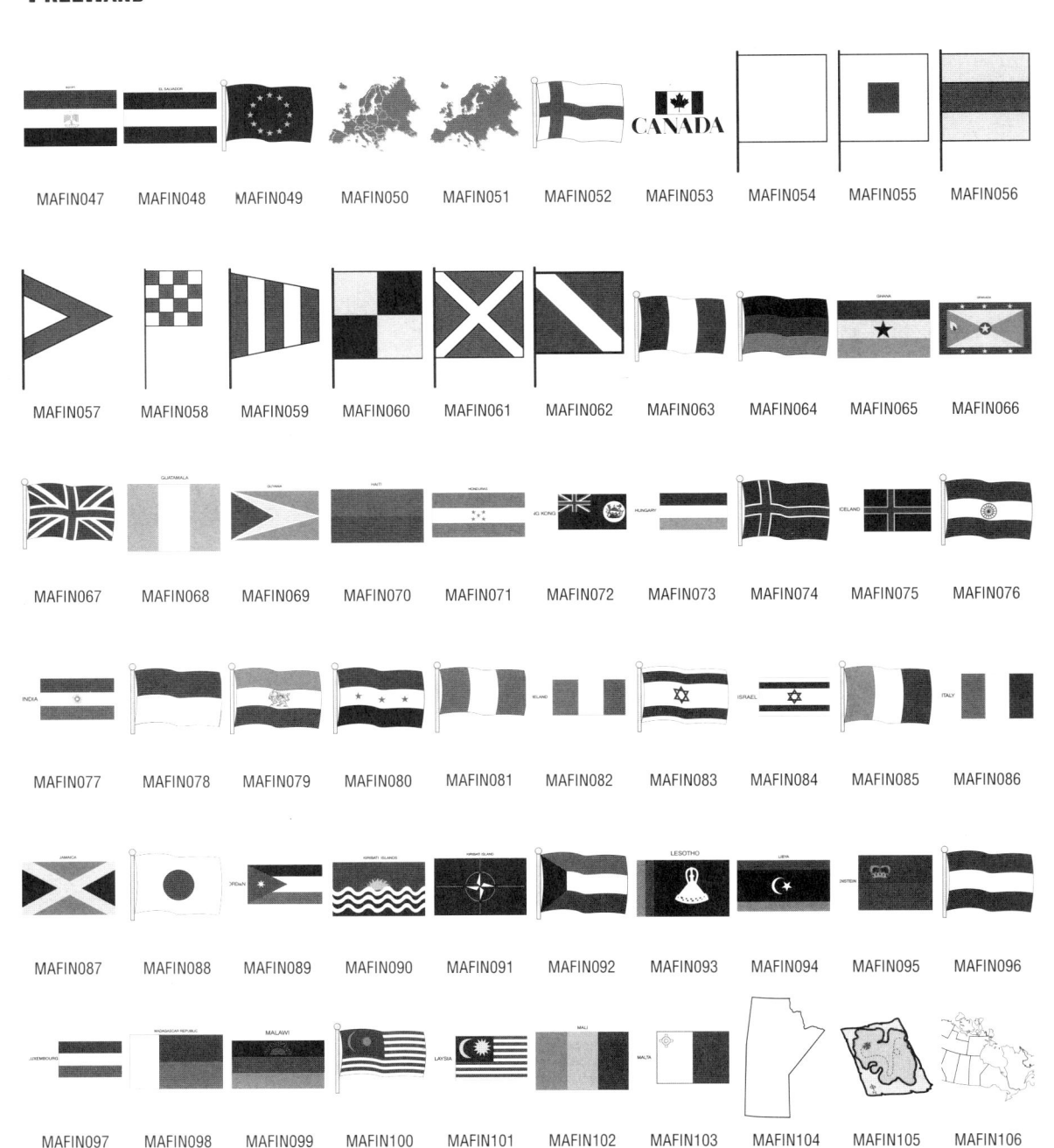

MAFIN047	MAFIN048	MAFIN049	MAFIN050	MAFIN051	MAFIN052	MAFIN053	MAFIN054	MAFIN055	MAFIN056
MAFIN057	MAFIN058	MAFIN059	MAFIN060	MAFIN061	MAFIN062	MAFIN063	MAFIN064	MAFIN065	MAFIN066
MAFIN067	MAFIN068	MAFIN069	MAFIN070	MAFIN071	MAFIN072	MAFIN073	MAFIN074	MAFIN075	MAFIN076
MAFIN077	MAFIN078	MAFIN079	MAFIN080	MAFIN081	MAFIN082	MAFIN083	MAFIN084	MAFIN085	MAFIN086
MAFIN087	MAFIN088	MAFIN089	MAFIN090	MAFIN091	MAFIN092	MAFIN093	MAFIN094	MAFIN095	MAFIN096
MAFIN097	MAFIN098	MAFIN099	MAFIN100	MAFIN101	MAFIN102	MAFIN103	MAFIN104	MAFIN105	MAFIN106

Clipart & Fonts

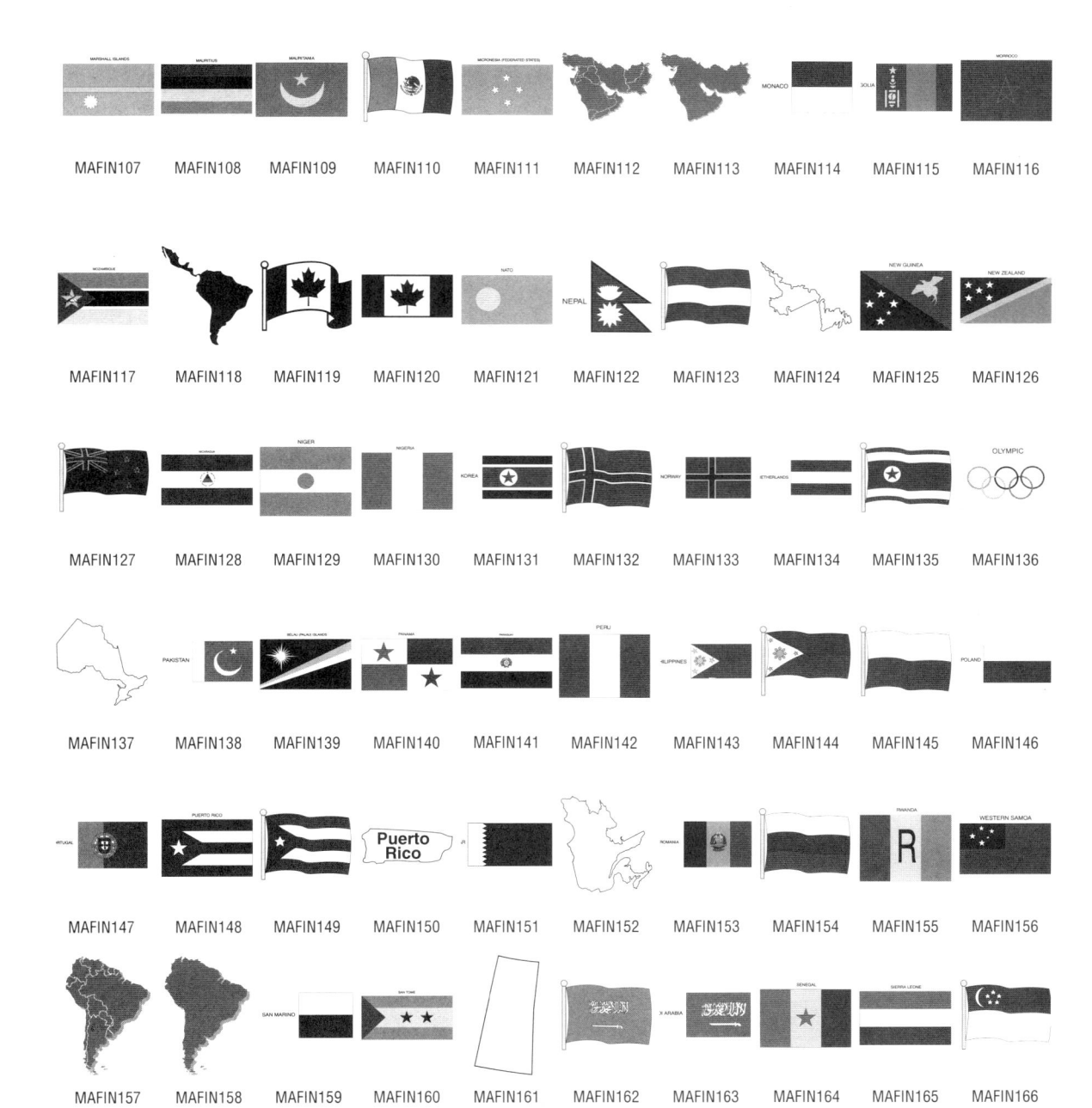

MAFIN107	MAFIN108	MAFIN109	MAFIN110	MAFIN111	MAFIN112	MAFIN113	MAFIN114	MAFIN115	MAFIN116
MAFIN117	MAFIN118	MAFIN119	MAFIN120	MAFIN121	MAFIN122	MAFIN123	MAFIN124	MAFIN125	MAFIN126
MAFIN127	MAFIN128	MAFIN129	MAFIN130	MAFIN131	MAFIN132	MAFIN133	MAFIN134	MAFIN135	MAFIN136
MAFIN137	MAFIN138	MAFIN139	MAFIN140	MAFIN141	MAFIN142	MAFIN143	MAFIN144	MAFIN145	MAFIN146
MAFIN147	MAFIN148	MAFIN149	MAFIN150	MAFIN151	MAFIN152	MAFIN153	MAFIN154	MAFIN155	MAFIN156
MAFIN157	MAFIN158	MAFIN159	MAFIN160	MAFIN161	MAFIN162	MAFIN163	MAFIN164	MAFIN165	MAFIN166

129

FreeHand

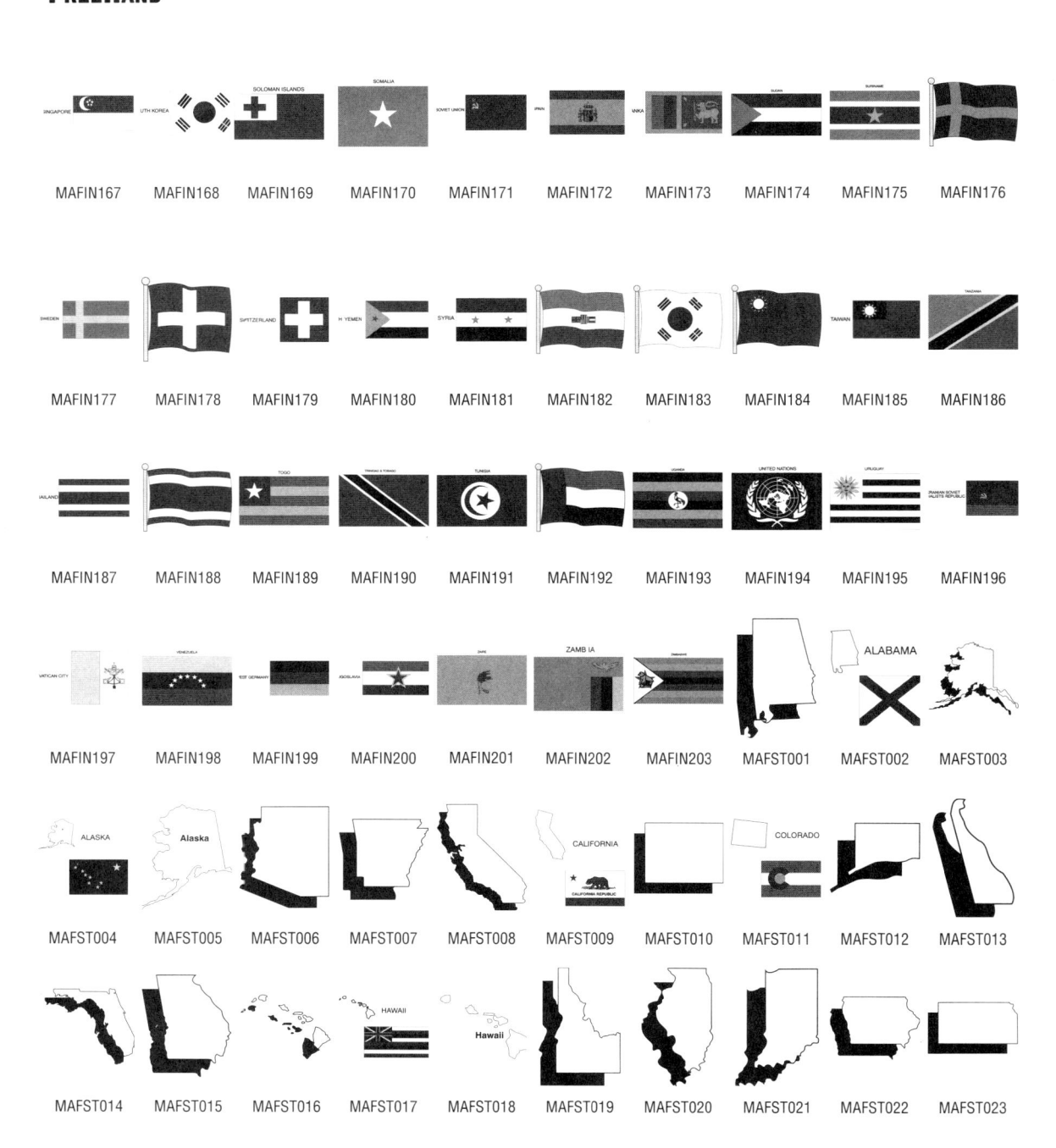

MAFIN167	MAFIN168	MAFIN169	MAFIN170	MAFIN171	MAFIN172	MAFIN173	MAFIN174	MAFIN175	MAFIN176
MAFIN177	MAFIN178	MAFIN179	MAFIN180	MAFIN181	MAFIN182	MAFIN183	MAFIN184	MAFIN185	MAFIN186
MAFIN187	MAFIN188	MAFIN189	MAFIN190	MAFIN191	MAFIN192	MAFIN193	MAFIN194	MAFIN195	MAFIN196
MAFIN197	MAFIN198	MAFIN199	MAFIN200	MAFIN201	MAFIN202	MAFIN203	MAFST001	MAFST002	MAFST003
MAFST004	MAFST005	MAFST006	MAFST007	MAFST008	MAFST009	MAFST010	MAFST011	MAFST012	MAFST013
MAFST014	MAFST015	MAFST016	MAFST017	MAFST018	MAFST019	MAFST020	MAFST021	MAFST022	MAFST023

Clipart & Fonts

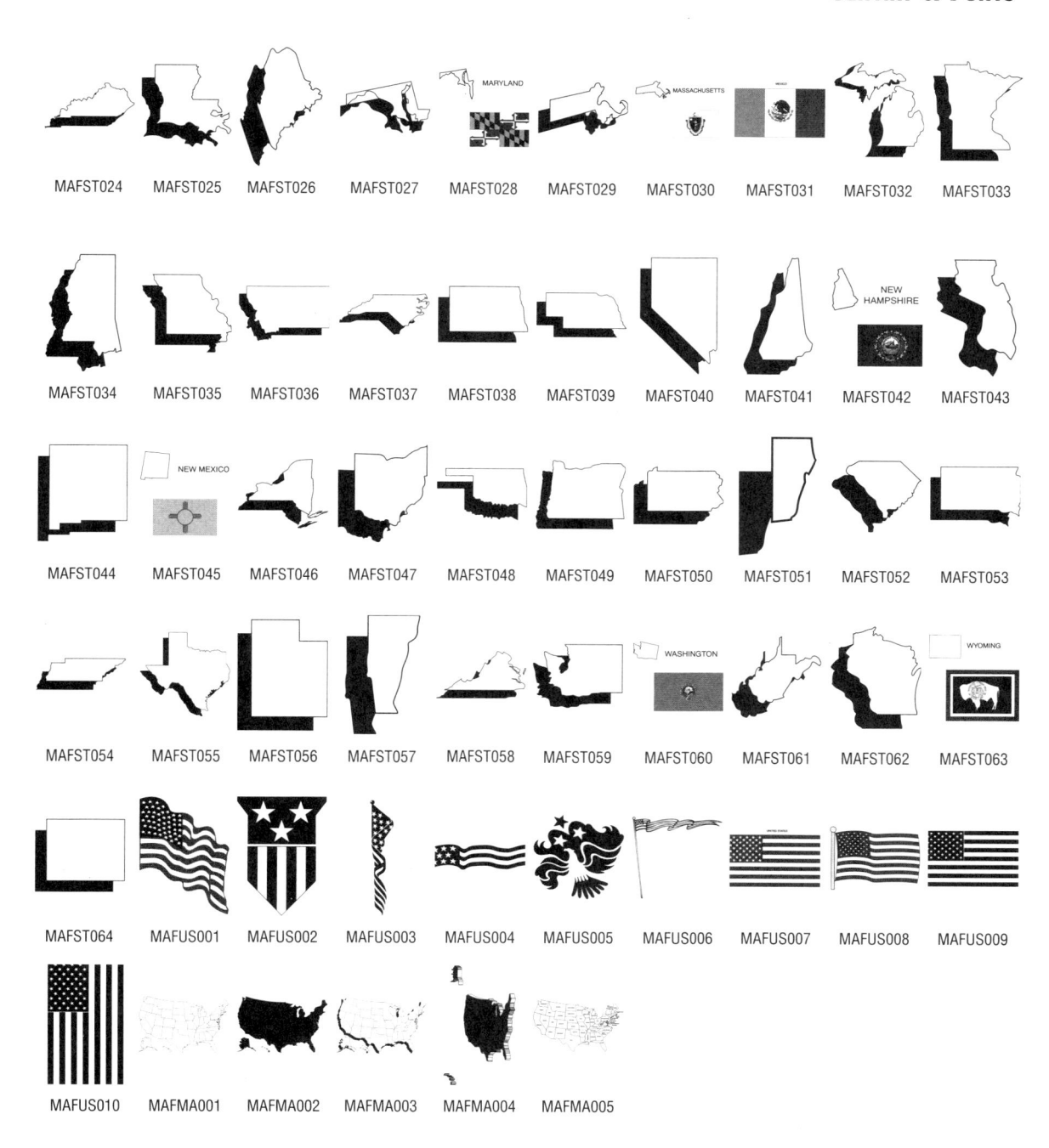

| MAFST024 | MAFST025 | MAFST026 | MAFST027 | MAFST028 | MAFST029 | MAFST030 | MAFST031 | MAFST032 | MAFST033 |

| MAFST034 | MAFST035 | MAFST036 | MAFST037 | MAFST038 | MAFST039 | MAFST040 | MAFST041 | MAFST042 | MAFST043 |

| MAFST044 | MAFST045 | MAFST046 | MAFST047 | MAFST048 | MAFST049 | MAFST050 | MAFST051 | MAFST052 | MAFST053 |

| MAFST054 | MAFST055 | MAFST056 | MAFST057 | MAFST058 | MAFST059 | MAFST060 | MAFST061 | MAFST062 | MAFST063 |

| MAFST064 | MAFUS001 | MAFUS002 | MAFUS003 | MAFUS004 | MAFUS005 | MAFUS006 | MAFUS007 | MAFUS008 | MAFUS009 |

| MAFUS010 | MAFMA001 | MAFMA002 | MAFMA003 | MAFMA004 | MAFMA005 |

FreeHand

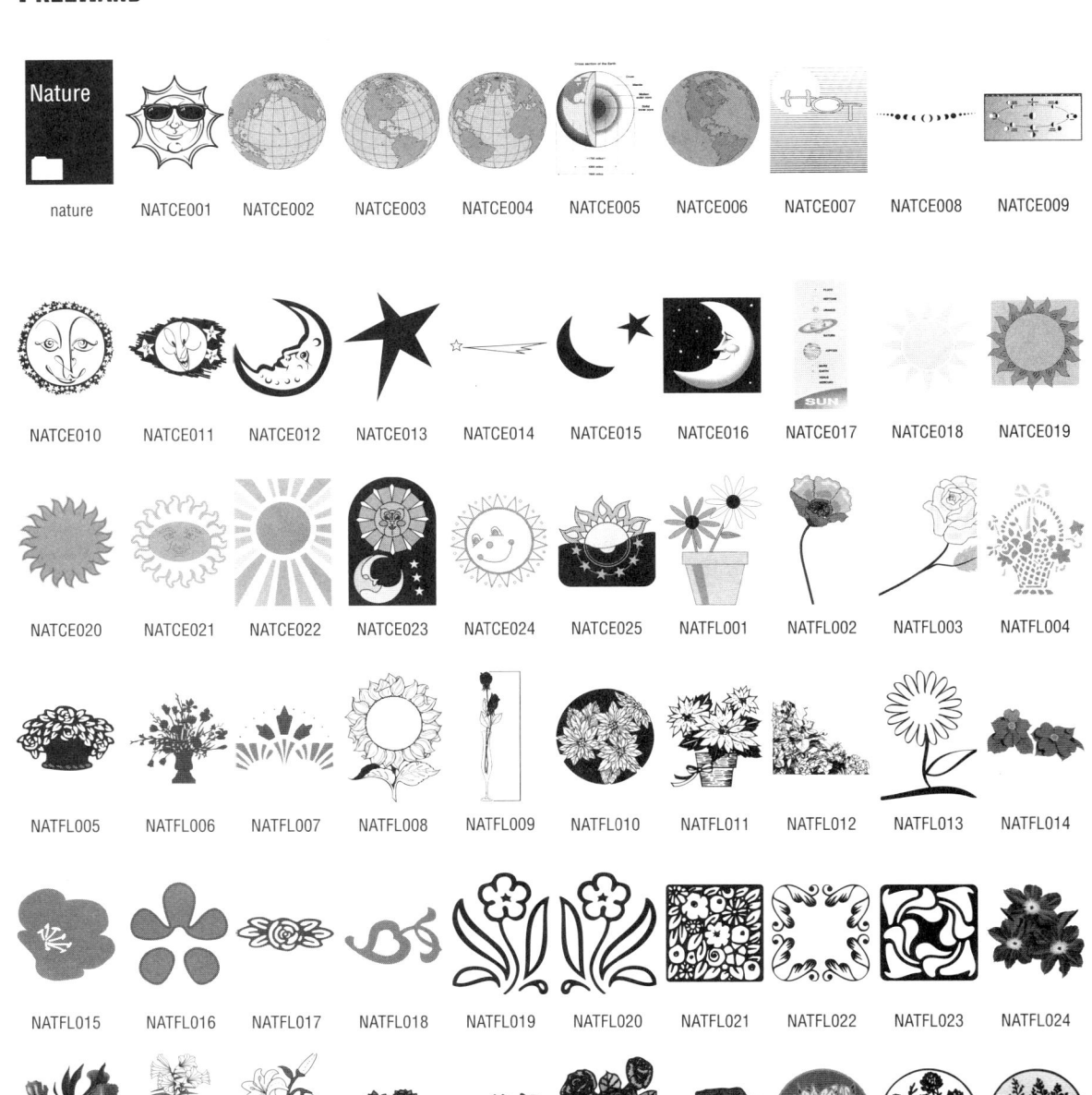

nature	NATCE001	NATCE002
NATCE003	NATCE004	NATCE005
NATCE006	NATCE007	NATCE008
NATCE009	NATCE010	NATCE011
NATCE012	NATCE013	NATCE014
NATCE015	NATCE016	NATCE017
NATCE018	NATCE019	NATCE020
NATCE021	NATCE022	NATCE023
NATCE024	NATCE025	NATFL001
NATFL002	NATFL003	NATFL004
NATFL005	NATFL006	NATFL007
NATFL008	NATFL009	NATFL010
NATFL011	NATFL012	NATFL013
NATFL014	NATFL015	NATFL016
NATFL017	NATFL018	NATFL019
NATFL020	NATFL021	NATFL022
NATFL023	NATFL024	NATFL025
NATFL026	NATFL027	NATFL028
NATFL029	NATFL030	NATFL031
NATFL032	NATFL033	NATFL034

Clipart & Fonts

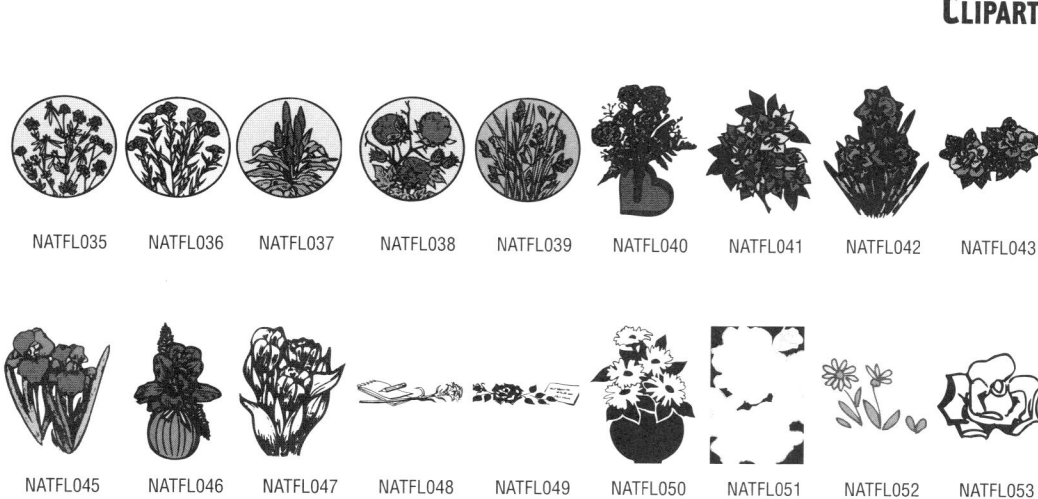

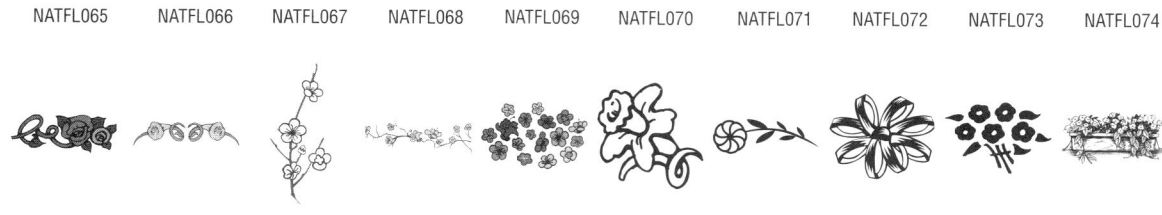

NATFL035	NATFL036	NATFL037	NATFL038	NATFL039	NATFL040	NATFL041	NATFL042	NATFL043	NATFL044	
NATFL045	NATFL046	NATFL047	NATFL048	NATFL049	NATFL050	NATFL051	NATFL052	NATFL053	NATFL054	
NATFL055	NATFL056	NATFL057	NATFL058	NATFL059	NATFL060	NATFL061	NATFL062	NATFL063	NATFL064	
NATFL065	NATFL066	NATFL067	NATFL068	NATFL069	NATFL070	NATFL071	NATFL072	NATFL073	NATFL074	
NATFL075	NATFL076	NATFL077	NATFL078	NATFL079	NATFL080	NATFL081	NATFL082	NATFL083	NATFL084	
NATFL085	NATFL086	NATFL087	NATFL088	NATFL089	NATFL090	NATFL091	NATFL092	NATFL093	NATFL094	

FreeHand

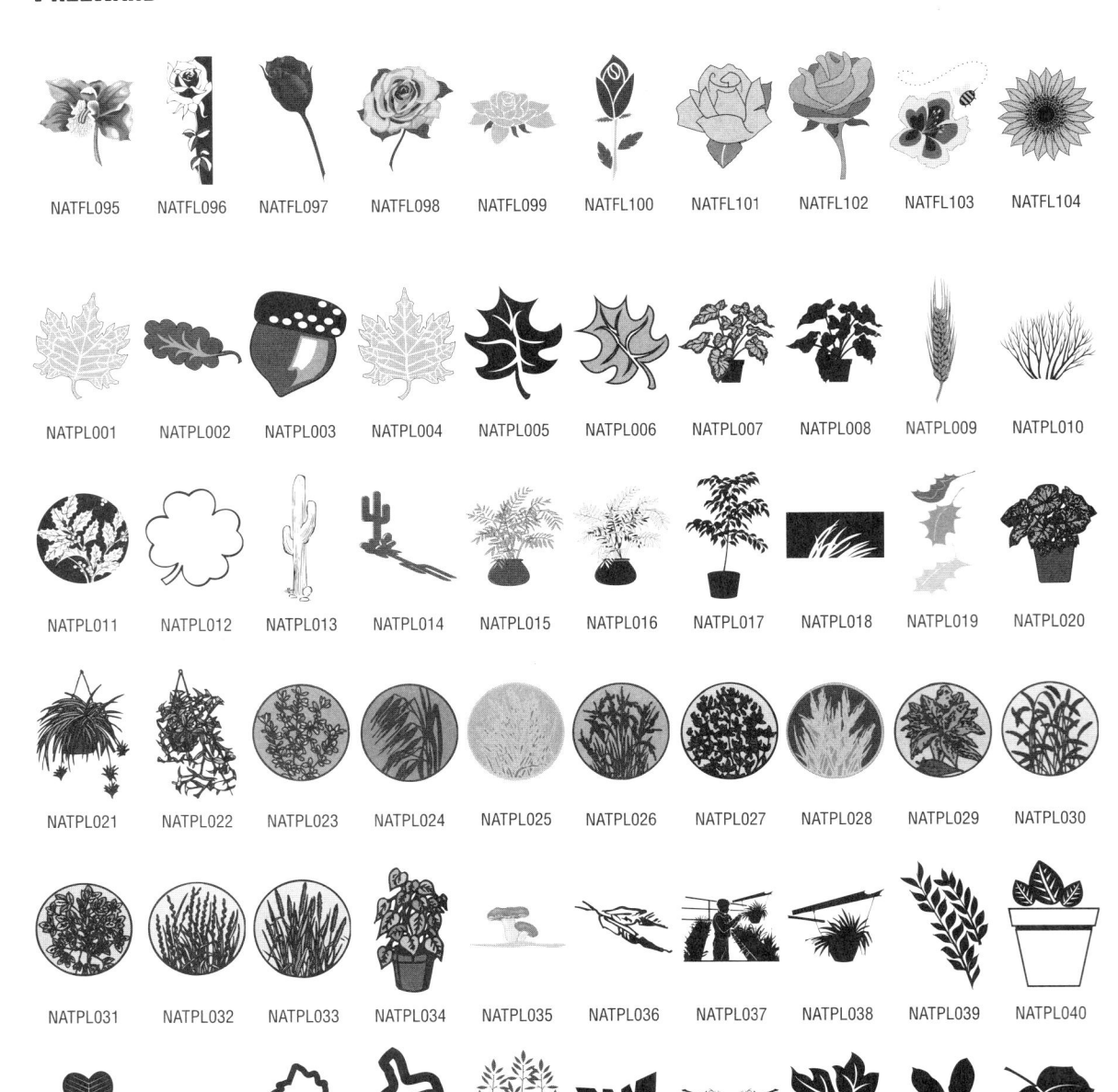

| NATFL095 | NATFL096 | NATFL097 | NATFL098 | NATFL099 | NATFL100 | NATFL101 | NATFL102 | NATFL103 | NATFL104 |

| NATPL001 | NATPL002 | NATPL003 | NATPL004 | NATPL005 | NATPL006 | NATPL007 | NATPL008 | NATPL009 | NATPL010 |

| NATPL011 | NATPL012 | NATPL013 | NATPL014 | NATPL015 | NATPL016 | NATPL017 | NATPL018 | NATPL019 | NATPL020 |

| NATPL021 | NATPL022 | NATPL023 | NATPL024 | NATPL025 | NATPL026 | NATPL027 | NATPL028 | NATPL029 | NATPL030 |

| NATPL031 | NATPL032 | NATPL033 | NATPL034 | NATPL035 | NATPL036 | NATPL037 | NATPL038 | NATPL039 | NATPL040 |

| NATPL041 | NATPL042 | NATPL043 | NATPL044 | NATPL045 | NATPL046 | NATPL047 | NATPL048 | NATPL049 | NATPL050 |

Clipart & Fonts

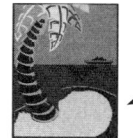

NATPL051	NATPL052	NATPL053	NATPL054	NATPL055	NATPL056	NATPL057	NATPL058	NATPL059	NATPL060
NATPL061	NATSC001	NATSC002	NATSC003	NATSC004	NATSC005	NATSC006	NATSC007	NATSC008	NATSC009
NATSC010	NATSC011	NATSC012	NATSC013	NATSC014	NATSC015	NATSC016	NATSC017	NATSC018	NATSC019
NATSC020	NATSC021	NATSC022	NATSC023	NATSC024	NATSC025	NATSC026	NATSC027	NATSC028	NATSC029
NATSC030	NATSC031	NATSC032	NATSC033	NATSC034	NATSC035	NATSC036	NATSC037	NATSC038	NATSC039
NATSC040	NATSC041	NATSC042	NATSC043	NATSC044	NATSC045	NATSC046	NATSE001	NATSE002	NATSE003

135

FreeHand

NATSE004	NATSE005	NATSE006	NATSE007	NATSE008	NATSE009	NATSE010	NATSE011	NATSE012	NATSE013
NATSE014	NATSE015	NATSE016	NATSE017	NATSE018	NATSE019	NATSE020	NATSE021	NATSE022	NATSE023
NATSE024	NATSE025	NATSE026	NATSE027	NATSE028	NATSE029	NATSE030	NATSE031	NATSE032	NATSE033
NATSE034	NATSE035	NATSE036	NATSE037	NATSE038	NATSE039	NATSE040	NATSE041	NATSE042	NATSE043
NATSE044	NATSE045	NATSE046	NATSE047	NATSE048	NATSE049	NATSE050	NATSE051	NATSE052	NATSE053
NATSE054	NATSE055	NATTR001	NATTR002	NATTR003	NATTR004	NATTR005	NATTR006	NATTR007	NATTR008

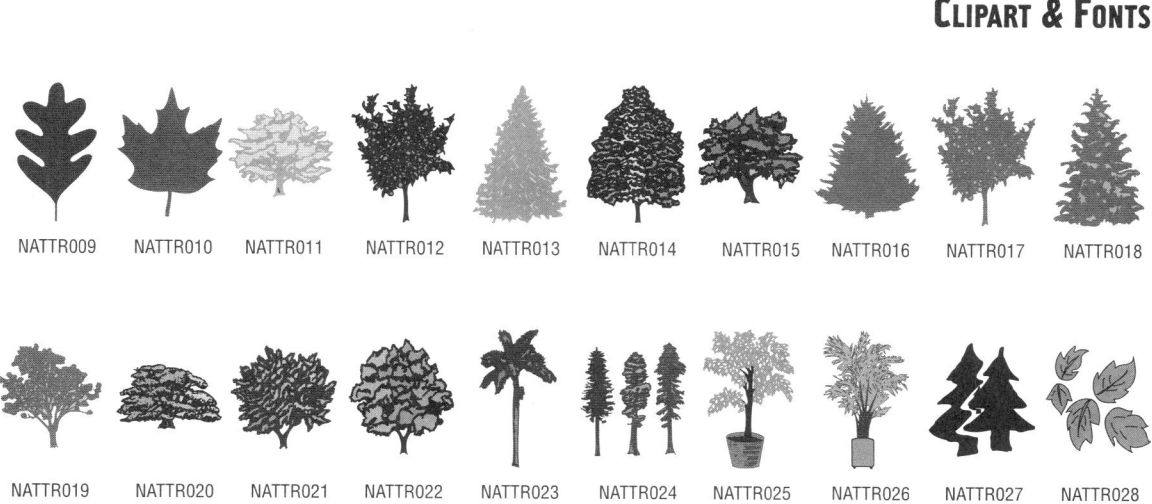

Clipart & Fonts

NATTR009	NATTR010	NATTR011	NATTR012	NATTR013	NATTR014	NATTR015	NATTR016	NATTR017	NATTR018
NATTR019	NATTR020	NATTR021	NATTR022	NATTR023	NATTR024	NATTR025	NATTR026	NATTR027	NATTR028
NATTR029	NATTR030	NATTR031	NATTR032	NATTR033	NATTR034	NATTR035	NATTR036	NATTR037	NATTR038
NATTR039	NATTR040	NATTR041	NATTR042	NATTR043	NATTR044	NATTR045	NATTR046	NATTR047	NATTR048
NATTR049	NATTR050	NATTR051	NATWE001	NATWE002	NATWE003	NATWE004	NATWE005	NATWE006	NATWE007
NATWE008	NATWE009	NATWE010	NATWE011	NATWE012	NATWE013	NATWE014	NATWE015	NATWE016	NATWE017

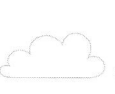

FreeHand

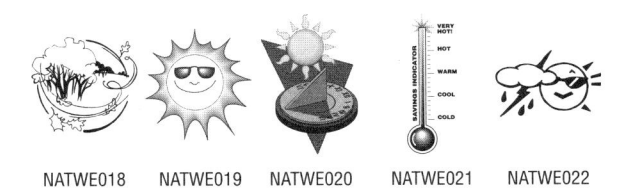

NATWE018 NATWE019 NATWE020 NATWE021 NATWE022

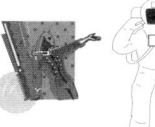

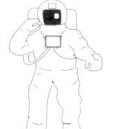

Clipart & Fonts

people   PEOAC001   PEOAC002   PEOAC003   PEOAC004   PEOAC005   PEOAC006   PEOAC007   PEOAC008   PEOAC009

PEOAC010   PEOAC011   PEOAC012   PEOAC013   PEOAC014   PEOAC015   PEOAC016   PEOAC017   PEOAC018   PEOAC019

PEOAC020   PEOAC021   PEOAC022   PEOAC023   PEOAC024   PEOAC025   PEOAC026   PEOAC027   PEOAC028   PEOAC029

PEOAC030   PEOAC031   PEOAC032   PEOAC033   PEOAC034   PEOAC035   PEOAC036   PEOAC037   PEOAC038   PEOAC039

PEOAC040   PEOAC041   PEOAC042   PEOAC043   PEOAC044   PEOAC045   PEOAC046   PEOAC047   PEOAC048   PEOAC049

PEOAC050   PEOAC051   PEOAC052   PEOAC053   PEOAC054   PEOAC055   PEOAC056   PEOAC057   PEOAC058   PEOAC059

FreeHand

PEOAC060	PEOAC061	PEOAC062	PEOAC063	PEOAC064	PEOAC065	PEOAC066	PEOAC067	PEOAC068	PEOAC069
PEOAC070	PEOAC071	PEOAC072	PEOAC073	PEOAC074	PEOAC075	PEOAC076	PEOAC077	PEOAC078	PEOAC079
PEOAC080	PEOAC081	PEOAC082	PEOAC083	PEOAC084	PEOAC085	PEOAC086	PEOAC087	PEOAC088	PEOAC089
PEOAC090	PEOAC091	PEOAC092	PEOAC093	PEOAC094	PEOAC095	PEOAC096	PEOAC097	PEOAC098	PEOAC099
PEOAC100	PEOAC101	PEOAC102	PEOAC103	PEOAC104	PEOAC105	PEOAC106	PEOAC107	PEOAC108	PEOAC109
PEOAC110	PEOAC111	PEOAC112	PEOAC113	PEOBA001	PEOBA002	PEOBA003	PEOBA004	PEOBA005	PEOBA006

Clipart & Fonts

PEOBA007	PEOBA008	PEOBA009	PEOBA010	PEOBA011	PEOBA012	PEOBA013	PEOBA014	PEOBA015	PEOBA016
PEOBA017	PEOBA018	PEOBA019	PEOBA020	PEOBA021	PEOBA022	PEOBA023	PEOBA024	PEOBA025	PEOBA026
PEOBA027	PEOBA028	PEOBA029	PEOBA030	PEOBA031	PEOBA032	PEOBA033	PEOBA034	PEOBA035	PEOBA036
PEOBA037	PEOBA038	PEOBA039	PEOBA040	PEOBA041	PEOBA042	PEOBA043	PEOBA044	PEOBA045	PEOBA046
PEOBA047	PEOBA048	PEOBA049	PEOBA050	PEOBA051	PEOBA052	PEOBA053	PEOBA054	PEOBA055	PEOBA056
PEOBA057	PEOBO001	PEOBO002	PEOBO003	PEOBO004	PEOBO005	PEOBO006	PEOBO007	PEOBO008	PEOBO009

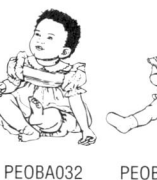

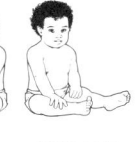

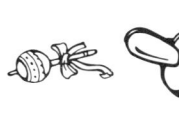

FreeHand

PEOBO010	PEOBO011	PEOBO012	PEOBO013	PEOBO014	PEOBO015
PEOBO016	PEOBO017	PEOBO018	PEOBO019		
PEOBO020	PEOBO021	PEOBO022	PEOBO023	PEOBO024	PEOBO025
PEOBO026	PEOBO027	PEOBO028	PEOBO029		
PEOBO030	PEOBO031	PEOBO032	PEOBO033	PEOBO034	PEOBO035
PEOBO036	PEOBO037	PEOBO038	PEOBO039		
PEOBO040	PEOBO041	PEOBO042	PEOBO043	PEOBO044	PEOBO045
PEOBO046	PEOBO047	PEOBO048	PEOBO049		
PEOBO050	PEOBY001	PEOBY002	PEOBY003	PEOBY004	PEOBY005
PEOBY006	PEOBY007	PEOBY008	PEOBY009		
PEOBY010	PEOBY011	PEOBY012	PEOBY013	PEOBY014	PEOBY015
PEOBY016	PEOBY017	PEOBY018	PEOBY019		

Clipart & Fonts

PEOBY020	PEOBY021	PEOBY022	PEOBY023	PEOBY024	PEOBY025	PEOBY026	PEOBY027	PEOBY028	PEOBY029
PEOBY030	PEOBY031	PEOBY032	PEOBY033	PEOBY034	PEOBY035	PEOBY036	PEOBY037	PEOBY038	PEOBY039
PEOBY040	PEOBY041	PEOBY042	PEOBY043	PEOBY044	PEOFA001	PEOFA002	PEOFA003	PEOFA004	PEOFA005
PEOFA006	PEOFA007	PEOFA008	PEOFA009	PEOFA010	PEOFA011	PEOFA012	PEOFA013	PEOFA014	PEOFA015
PEOFA016	PEOFA017	PEOFA018	PEOFA019	PEOFA020	PEOFA021	PEOFA022	PEOFA023	PEOFA024	PEOFA025
PEOFA026	PEOFA027	PEOFA028	PEOFA029	PEOFA030	PEOFA031	PEOFA032	PEOFA033	PEOFA034	PEOFA035

FreeHand

PEOFA036	PEOGI001	PEOGI002	PEOGI003	PEOGI004	PEOGI005	PEOGI006	PEOGI007	PEOGI008	PEOGI009
PEOGI010	PEOGI011	PEOGI012	PEOGI013	PEOGI014	PEOGI015	PEOGI016	PEOGI017	PEOGI018	PEOGI019
PEOGI020	PEOGI021	PEOGI022	PEOGI023	PEOGI024	PEOGI025	PEOGI026	PEOGI027	PEOGI028	PEOGI029
PEOGI030	PEOGI031	PEOGI032	PEOGI033	PEOGI034	PEOGI035	PEOGI036	PEOGI037	PEOGI038	PEOGI039
PEOGI040	PEOGI041	PEOGI042	PEOGI043	PEOGI044	PEOGI045	PEOGI046	PEOGI047	PEOGI048	PEOGI049
PEOGI050	PEOGI051	PEOGR001	PEOGR002	PEOGR003	PEOGR004	PEOGR005	PEOGR006	PEOGR007	PEOGR008

Clipart & Fonts

PEOGR009	PEOGR010	PEOGR011	PEOGR012	PEOGR013	PEOGR014	PEOGR015	PEOGR016	PEOGR017	PEOGR018
PEOGR019	PEOGR020	PEOGR021	PEOGR022	PEOGR023	PEOGR024	PEOGR025	PEOGR026	PEOGR027	PEOGR028
PEOGR029	PEOGR030	PEOGR031	PEOGR032	PEOGR033	PEOGR034	PEOGR035	PEOGR036	PEOGR037	PEOGR038
PEOGR039	PEOGR040	PEOGR041	PEOGR042	PEOGR043	PEOGR044	PEOGR045	PEOGR046	PEOGR047	PEOGR048
PEOGR049	PEOGR050	PEOGR051	PEOGR052	PEOGR053	PEOGR054	PEOGR055	PEOGR056	PEOGR057	PEOGR058
PEOGR059	PEOGR060	PEOGR061	PEOGR062	PEOGR063	PEOGR064	PEOGR065	PEOGR066	PEOGR067	PEOGR068

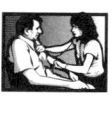

FreeHand

PEOGR069	PEOGR070	PEOGR071	PEOGR072	PEOGR073	PEOGR074	PEOGR075	PEOGR076	PEOGR077	PEOGR078
PEOGR079	PEOGR080	PEOGR081	PEOGR082	PEOGR083	PEOME001	PEOME002	PEOME003	PEOME004	PEOME005
PEOME006	PEOME007	PEOME008	PEOME009	PEOME010	PEOME011	PEOME012	PEOME013	PEOME014	PEOME015
PEOME016	PEOME017	PEOME018	PEOME019	PEOME020	PEOME021	PEOME022	PEOME023	PEOME024	PEOME025
PEOME026	PEOME027	PEOME028	PEOME029	PEOME030	PEOME031	PEOME032	PEOME033	PEOME034	PEOME035
PEOME036	PEOME037	PEOME038	PEOME039	PEOME040	PEOME041	PEOME042	PEOME043	PEOME044	PEOME045

Clipart & Fonts

PEOME046	PEOME047	PEOME048	PEOME049	PEOME050	PEOME051
PEOME052	PEOME053	PEOME054	PEOME055	PEOME056	PEOME057
PEOME058	PEOME059	PEOME060	PEOME061	PEOME062	PEOME063
PEOME064	PEOME065	PEOME066	PEOME067	PEOME068	PEOME069
PEOME070	PEOME071	PEOME072	PEOME073	PEOME074	PEOME075
PEOME076	PEOME077	PEOME078	PEOME079	PEOME080	PEOME081
PEOME082	PEOME083	PEOME084	PEOME085	PEOME086	PEOME087
PEOME088	PEOME089	PEOME090	PEOME091	PEOME092	PEOME093
PEOME094	PEOME095	PEOME096	PEOME097	PEOME098	PEOME099
PEOME100	PEOME101	PEOME102	PEOME103	PEOME104	PEOME105

147

FreeHand

PEOME106	PEOME107	PEOME108	PEOME109	PEOME110	PEOME111	PEOME112	PEOME113	PEOME114	PEOME115
PEOME116	PEOME117	PEOME118	PEOME119	PEOME120	PEOME121	PEOME122	PEOME123	PEOME124	PEOME125
PEOME126	PEOSC001	PEOSC002	PEOSC003	PEOSC004	PEOSC005	PEOSC006	PEOSC007	PEOSC008	PEOSC009
PEOSC010	PEOSC011	PEOSC012	PEOSC013	PEOSC014	PEOSC015	PEOSC016	PEOSC017	PEOSC018	PEOSC019
PEOSC020	PEOSC021	PEOSC022	PEOSC023	PEOSC024	PEOSC025	PEOSC026	PEOSC027	PEOSC028	PEOSC029
PEOSC030	PEOSC031	PEOSC032	PEOSC033	PEOSC034	PEOSC035	PEOSC036	PEOSC037	PEOSC038	PEOSC039

Clipart & Fonts

PEOSC040	PEOSC041	PEOSC042	PEOSC043
PEOSC044	PEOSC045	PEOSC046	PEOSC047
PEOSC048	PEOSC049	PEOSC050	PEOSC051
PEOSC052	PEOSC053	PEOSC054	PEOSC055
PEOSC056	PEOWO001	PEOWO002	PEOWO003
PEOWO004	PEOWO005	PEOWO006	PEOWO007
PEOWO008	PEOWO009	PEOWO010	PEOWO011
PEOWO012	PEOWO013	PEOWO014	PEOWO015
PEOWO016	PEOWO017	PEOWO018	PEOWO019
PEOWO020	PEOWO021	PEOWO022	PEOWO023
PEOWO024	PEOWO025	PEOWO026	PEOWO027
PEOWO028	PEOWO029	PEOWO030	PEOWO031
PEOWO032	PEOWO033	PEOWO034	PEOWO035
PEOWO036	PEOWO037	PEOWO038	PEOWO039
PEOWO040	PEOWO041	PEOWO042	PEOWO043

FreeHand

PEOWO044	PEOWO045	PEOWO046	PEOWO047	PEOWO048	PEOWO049	PEOWO050	PEOWO051	PEOWO052	PEOWO053
PEOWO054	PEOWO055	PEOWO056	PEOWO057	PEOWO058	PEOWO059	PEOWO060	PEOWO061	PEOWO062	PEOWO063
PEOWO064	PEOWO065	PEOWO066	PEOWO067	PEOWO068	PEOWO069	PEOWO070	PEOWO071	PEOWO072	PEOWO073
PEOWO074	PEOWO075	PEOWO076	PEOWO077	PEOWO078	PEOWO079	PEOWO080	PEOWO081	PEOWO082	PEOWO083
PEOWO084	PEOWO085	PEOWO086	PEOWO087	PEOWO088	PEOWO089	PEOWO090	PEOWO091	PEOWO092	PEOWO093
PEOWO094	PEOWO095	PEOWO096	PEOWO097	PEOWO098	PEOWO099	PEOWO100	PEOWO101	PEOWO102	PEOWO103

Clipart & Fonts

PEOWO104	PEOWO105	PEOWO106	PEOWO107	PEOWO108	PEOWO109	PEOWO110	PEOWO111	PEOWO112	PEOWO113
PEOWO114	PEOWO115	PEOWO116	PEOWO117	PEOWO118	PEOWO119	PEOWO120	PEOWO121	PEOWO122	PEOWO123
PEOWO124	PEOWO125	PEOWO126	PEOWO127	PEOWO128	PEOWO129	PEOWO130	PEOWO131	PEOWO132	PEOWO133
PEOWO134	PEOWO135	PEOWO136	PEOWO137	PEOWO138	PEOWO139	PEOWO140	PEOWO141	PEOWO142	PEOWO143
PEOWR001	PEOWR002	PEOWR003	PEOWR004	PEOWR005	PEOWR006	PEOWR007	PEOWR008	PEOWR009	PEOWR010
PEOWR011	PEOWR012	PEOWR013	PEOWR014	PEOWR015	PEOWR016	PEOWR017	PEOWR018	PEOWR019	PEOWR020

FreeHand

PEOWR021 PEOWR022 PEOWR023 PEOWR024 PEOWR025 PEOWR026 PEOWR027 PEOWR028 PEOWR029 PEOWR030

PEOWR031 PEOWR032 PEOWR033 PEOWR034 PEOWR035 PEOWR036 PEOWR037 PEOWR038 PEOWR039 PEOWR040

PEOWR041 PEOWR042 PEOWR043 PEOWR044 PEOWR045 PEOWR046 PEOWR047 PEOWR048 PEOWR049 PEOWR050

PEOWR051 PEOWR052 PEOWR053 PEOWR054 PEOWR055 PEOWR056 PEOWR057 PEOWR058 PEOWR059 PEOWR060

PEOWR061 PEOWR062 PEOWR063 PEOWR064 PEOWR065 PEOWR066 PEOWR067 PEOWR068 PEOWR069 PEOWR070

PEOWR071

Clipart & Fonts

politics	POLTC001	POLTC002	POLTC003	POLTC004	POLTC005	POLTC006	POLTC007	POLTC008	POLTC009
POLTC010	POLTC011	POLTC012	POLTC013	POLTC014	POLTC015	POLTC016	POLTC017	POLTC018	POLTC019
POLTC020	POLTC021	POLTC022	POLTC023	POLTC024	POLTC025	POLTC026	POLTC027	POLTC028	POLTC029

153

FreeHand

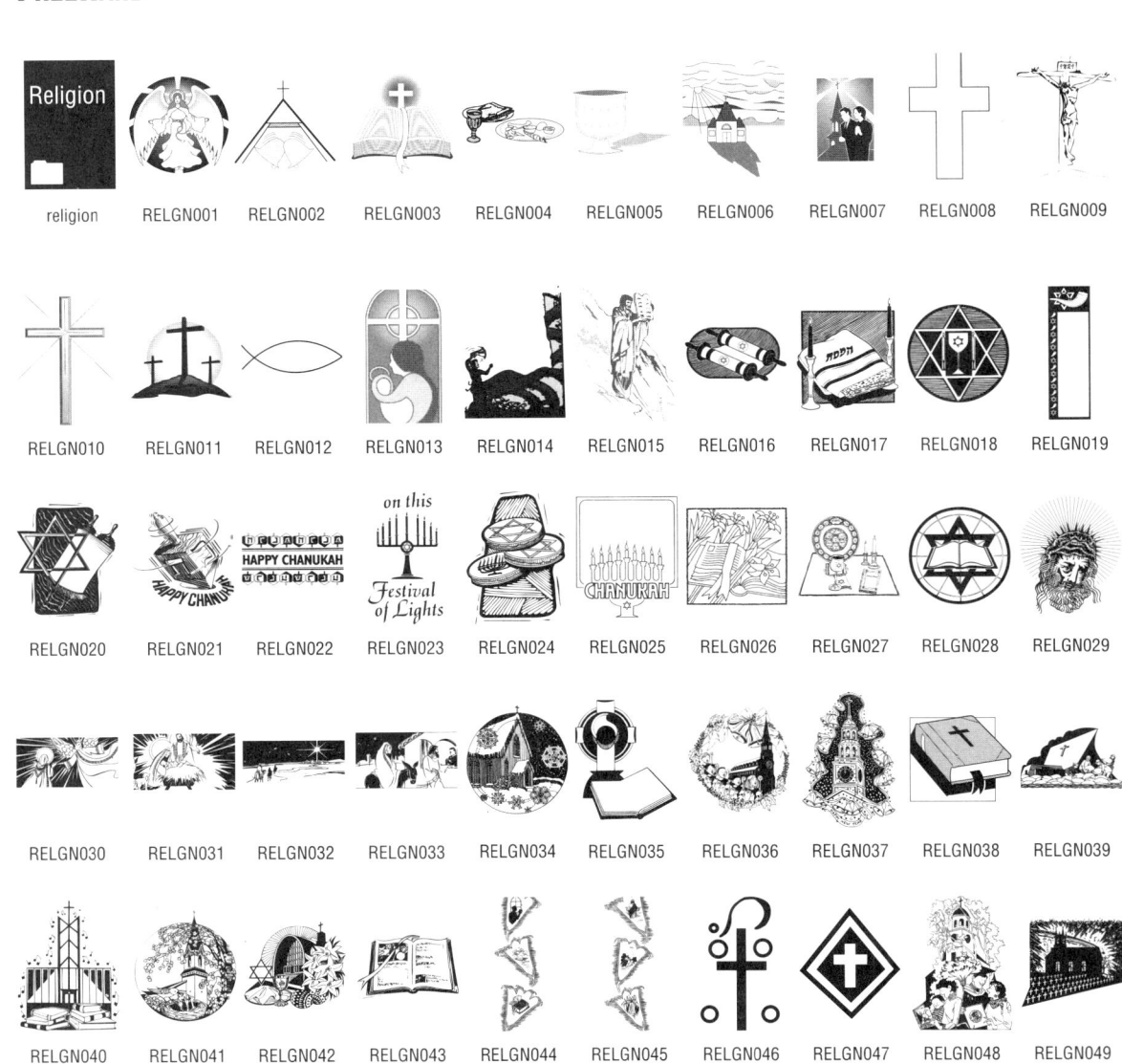

religion	RELGN001	RELGN002	RELGN003	RELGN004	RELGN005	RELGN006	RELGN007	RELGN008	RELGN009	
RELGN010	RELGN011	RELGN012	RELGN013	RELGN014	RELGN015	RELGN016	RELGN017	RELGN018	RELGN019	
RELGN020	RELGN021	RELGN022	RELGN023	RELGN024	RELGN025	RELGN026	RELGN027	RELGN028	RELGN029	
RELGN030	RELGN031	RELGN032	RELGN033	RELGN034	RELGN035	RELGN036	RELGN037	RELGN038	RELGN039	
RELGN040	RELGN041	RELGN042	RELGN043	RELGN044	RELGN045	RELGN046	RELGN047	RELGN048	RELGN049	
RELGN050	RELGN051	RELGN052	RELGN053	RELGN054	RELGN055	RELGN056	RELGN057	RELGN058		

Clipart & Fonts

sports	SPOBA001	SPOBA002	SPOBA003

SPOBA004 SPOBA005 SPOBA006 SPOBA007 SPOBA008 SPOBA009

SPOBA010 SPOBA011 SPOBA012 SPOBA013 SPOBA014 SPOBA015 SPOBA016 SPOBA017 SPOBA018 SPOBA019

SPOBA020 SPOBA021 SPOBA022 SPOBA023 SPOBA024 SPOBA025 SPOBA026 SPOBA027 SPOBA028 SPOBA029

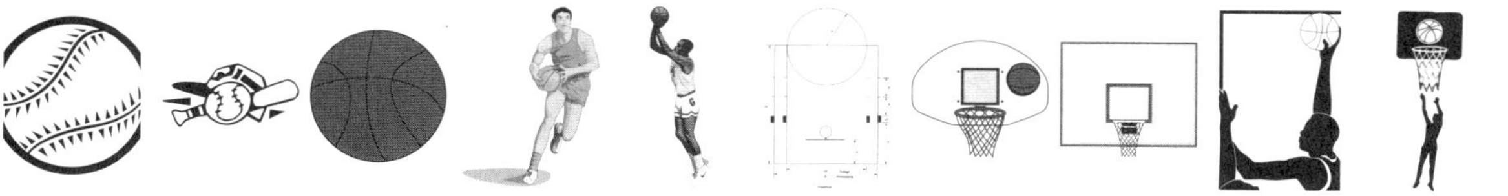

SPOBA030 SPOBA031 SPOBK001 SPOBK002 SPOBK003 SPOBK004 SPOBK005 SPOBK006 SPOBK007 SPOBK008

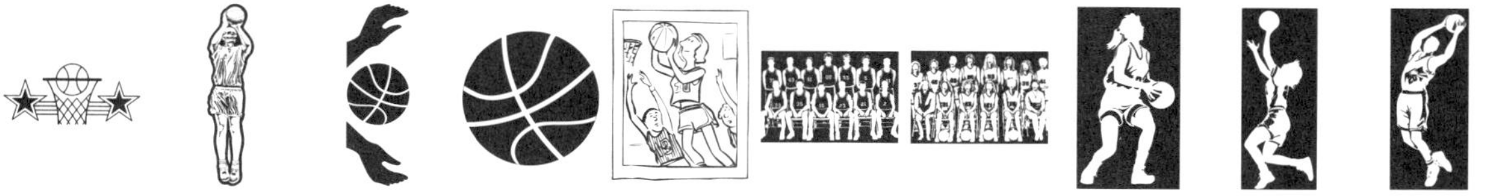

SPOBK009 SPOBK010 SPOBK011 SPOBK012 SPOBK013 SPOBK014 SPOBK015 SPOBK016 SPOBK017 SPOBK018

SPOBK019 SPOBK020 SPOBK021 SPOBK022 SPOBK023 SPOBK024 SPOBW001 SPOBW002 SPOBW003 SPOBW004

155

FreeHand

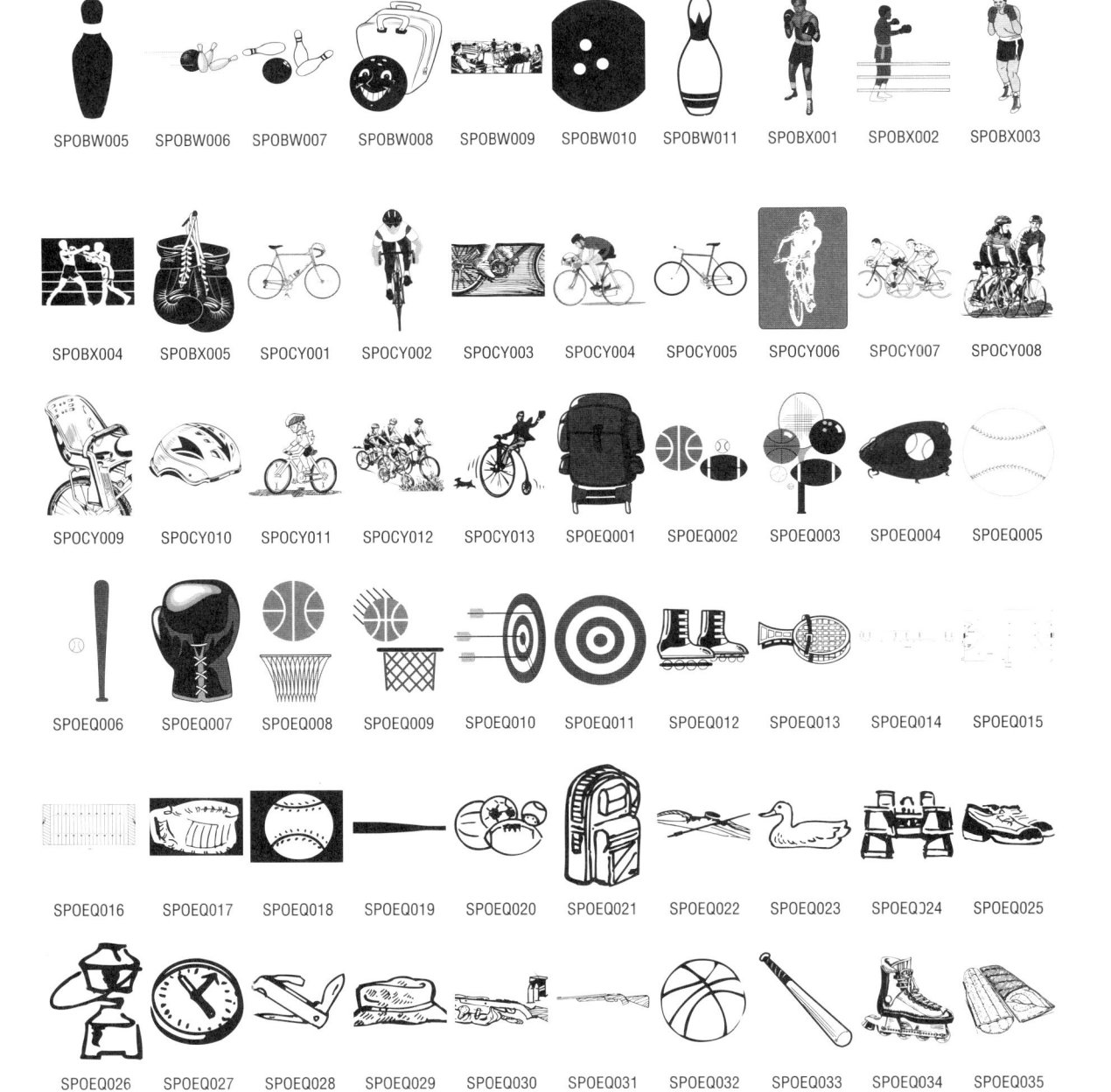

SPOBW005	SPOBW006	SPOBW007	SPOBW008
SPOBW009	SPOBW010	SPOBW011	SPOBX001
SPOBX002	SPOBX003	SPOBX004	SPOBX005
SPOCY001	SPOCY002	SPOCY003	SPOCY004
SPOCY005	SPOCY006	SPOCY007	SPOCY008
SPOCY009	SPOCY010	SPOCY011	SPOCY012
SPOCY013	SPOEQ001	SPOEQ002	SPOEQ003
SPOEQ004	SPOEQ005	SPOEQ006	SPOEQ007
SPOEQ008	SPOEQ009	SPOEQ010	SPOEQ011
SPOEQ012	SPOEQ013	SPOEQ014	SPOEQ015
SPOEQ016	SPOEQ017	SPOEQ018	SPOEQ019
SPOEQ020	SPOEQ021	SPOEQ022	SPOEQ023
SPOEQ024	SPOEQ025	SPOEQ026	SPOEQ027
SPOEQ028	SPOEQ029	SPOEQ030	SPOEQ031
SPOEQ032	SPOEQ033	SPOEQ034	SPOEQ035

Clipart & Fonts

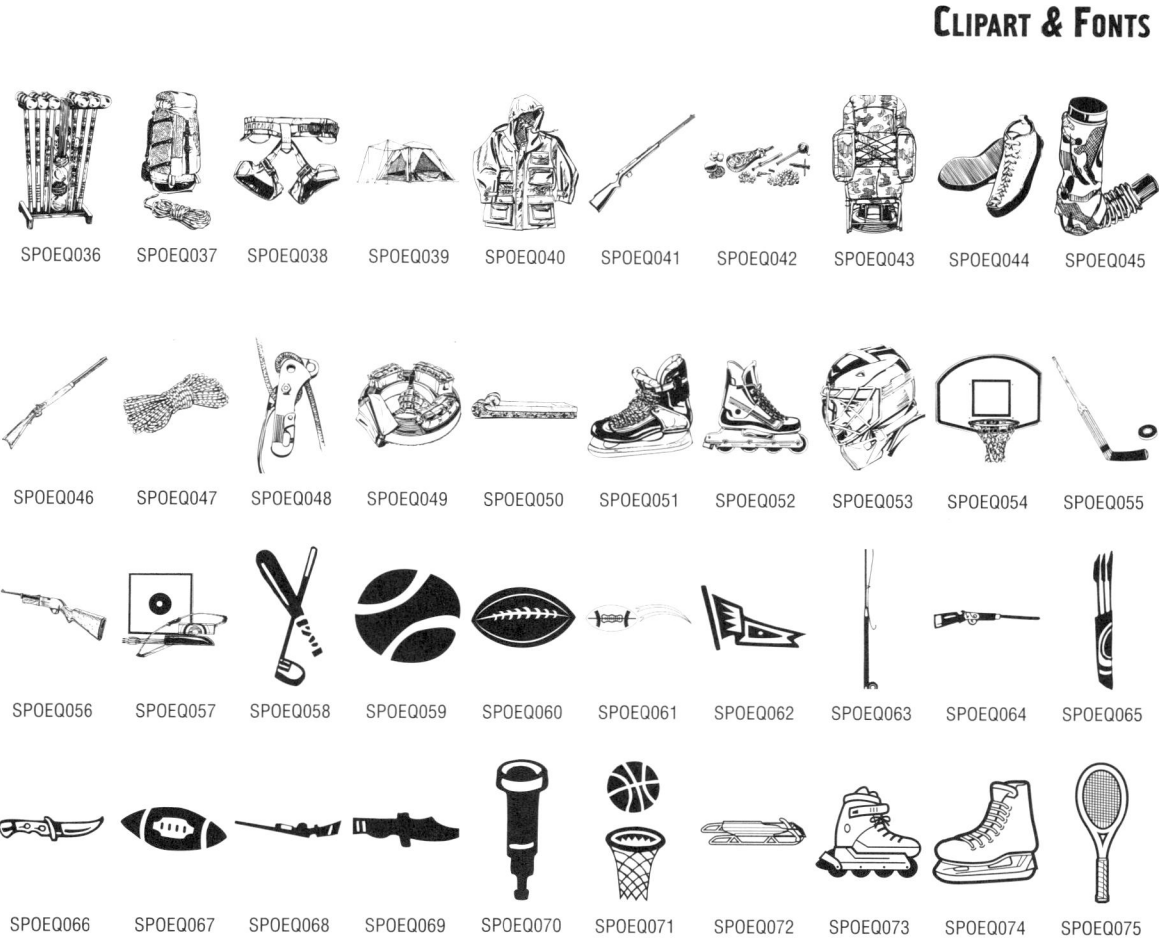

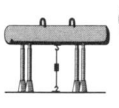

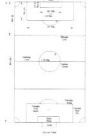

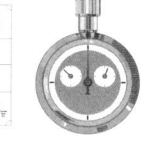

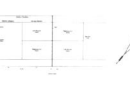

SPOEQ036	SPOEQ037	SPOEQ038	SPOEQ039	SPOEQ040	SPOEQ041	SPOEQ042	SPOEQ043	SPOEQ044	SPOEQ045
SPOEQ046	SPOEQ047	SPOEQ048	SPOEQ049	SPOEQ050	SPOEQ051	SPOEQ052	SPOEQ053	SPOEQ054	SPOEQ055
SPOEQ056	SPOEQ057	SPOEQ058	SPOEQ059	SPOEQ060	SPOEQ061	SPOEQ062	SPOEQ063	SPOEQ064	SPOEQ065
SPOEQ066	SPOEQ067	SPOEQ068	SPOEQ069	SPOEQ070	SPOEQ071	SPOEQ072	SPOEQ073	SPOEQ074	SPOEQ075
SPOEQ076	SPOEQ077	SPOEQ078	SPOEQ079	SPOEQ080	SPOEQ081	SPOEQ082	SPOEQ083	SPOEQ084	SPOEQ085
SPOEQ086	SPOEQ087	SPOEQ088	SPOEQ089	SPOEQ090	SPOEQ091	SPOEQ092	SPOEQ093	SPOEQ094	SPOEQ095

FreeHand

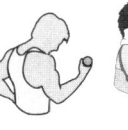

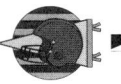

SPOEQ096	SPOEQ097	SPOEQ098	SPOFI001	SPOFI002	SPOFI003	SPOFI004	SPOFI005	SPOFIC06	SPOFI007
SPOFI008	SPOFI009	SPOFI010	SPOFI011	SPOFI012	SPOFI013	SPOFI014	SPOFI015	SPOFI016	SPOFI017
SPOFI018	SPOFI019	SPOFI020	SPOFI021	SPOFI022	SPOFI023	SPOFI024	SPOFI025	SPOFI026	SPOFI027
SPOFI028	SPOFI029	SPOFI030	SPOFI031	SPOFI032	SPOFI033	SPOFI034	SPOFI035	SPOFI036	SPOFI037
SPOFI038	SPOFI039	SPOFI040	SPOFI041	SPOFI042	SPOFI043	SPOFI044	SPOFI045	SPOFIJ46	SPOFI047
SPOFI048	SPOFO001	SPOFO002	SPOFO003	SPOFO004	SPOFO005	SPOFO006	SPOFO007	SPOFC008	SPOFO009

Clipart & Fonts

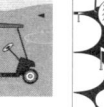

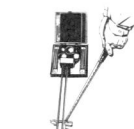

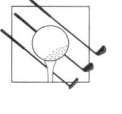

SPOFO010	SPOFO011	SPOFO012	SPOFO013	SPOFO014	SPOFO015	SPOFO016	SPOFO017	SPOFO018	SPOFO019
SPOFO020	SPOFO021	SPOFO022	SPOFO023	SPOFO024	SPOFO025	SPOFO026	SPOFO027	SPOFO028	SPOFO029
SPOFO030	SPOFO031	SPOGO001	SPOGO002	SPOGO003	SPOGO004	SPOGO005	SPOGO006	SPOGO007	SPOGO008
SPOGO009	SPOGO010	SPOGO011	SPOGO012	SPOGO013	SPOGO014	SPOGO015	SPOGO016	SPOGO017	SPOGO018
SPOGO019	SPOGO020	SPOGO021	SPOGO022	SPOGO023	SPOGO024	SPOGO025	SPOGO026	SPOGO027	SPOGO028
SPOGO029	SPOGO030	SPOGO031	SPOGO032	SPOGO033	SPOGO034	SPOGO035	SPOGO036	SPOGO037	SPOGO038

159

FreeHand

SPOHO001	SPOHO002	SPOHO003	SPOHO004	SPOHO005	SPOHO006	SPOHO007	SPOHO008	SPOHO009	SPOHO010
SPOHO011	SPOHO012	SPOHO013	SPOHO014	SPOHO015	SPOHO016	SPOHO017	SPOHO018	SPOHO019	SPOHO020
SPOHO021	SPOHO022	SPOHO023	SPOHO024	SPORE001	SPORE002	SPORE003	SPORE004	SPORE005	SPORE006
SPORE007	SPORE008	SPORE009	SPORE010	SPORE011	SPORE012	SPORE013	SPORE014	SPORE015	SPORE016
SPORE017	SPORE018	SPORE019	SPORE020	SPORE021	SPORE022	SPORE023	SPORE024	SPORE025	SPORE026
SPORE027	SPORE028	SPORE029	SPORE030	SPORE031	SPORE032	SPORE033	SPORE034	SPORE035	SPORE036

Clipart & Fonts

SPORE037	SPORE038	SPORE039	SPORE040	SPORE041	SPORE042	SPORE043	SPORE044	SPORE045	SPORE046	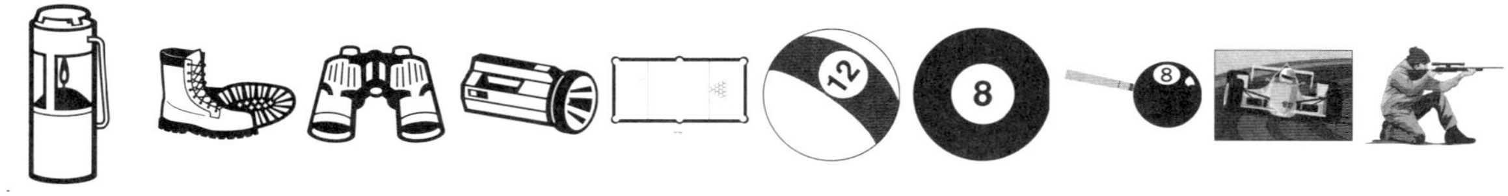
SPORE047	SPORE048	SPORE049	SPORE050	SPORE051	SPORE052	SPORE053	SPORE054	SPORE055	SPORE056	
SPORE057	SPORE058	SPORE059	SPORE060	SPORE061	SPORE062	SPORE063	SPORE064	SPORE065	SPORE066	
SPORE067	SPORE068	SPORE069	SPORE070	SPORE071	SPORE072	SPORE073	SPORE074	SPORE075	SPORU001	
SPORU002	SPORU003	SPORU004	SPORU005	SPORU006	SPORU007	SPORU008	SPORU009	SPORU010	SPORU011	
SPORU012	SPORU013	SPORU014	SPOSO001	SPOSO002	SPOSO003	SPOSO004	SPOSO005	SPOSO006	SPOSO007	

161

FreeHand

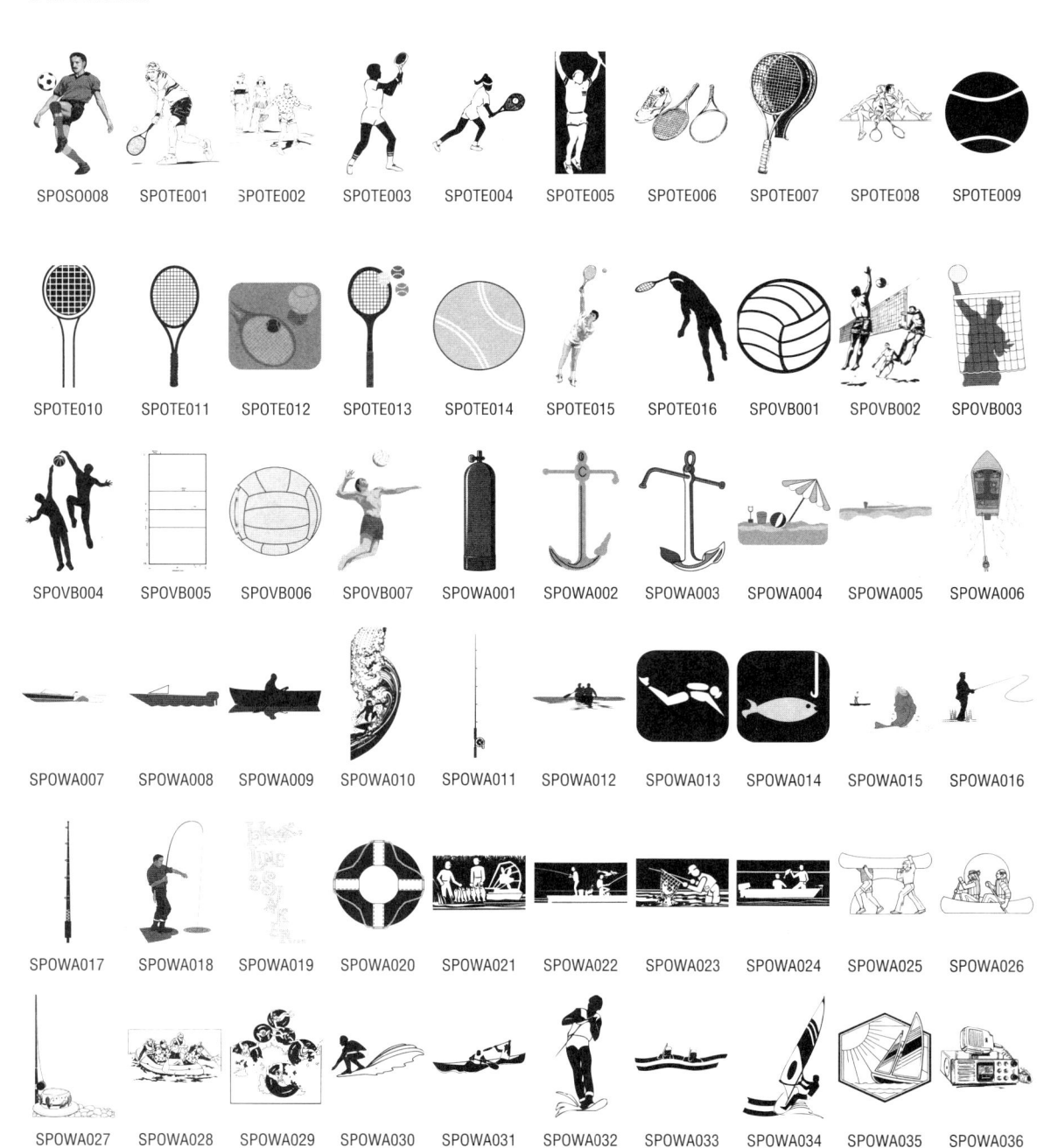

SPOSO008	SPOTE001	SPOTE002	SPOTE003	SPOTE004	SPOTE005
SPOTE006	SPOTE007	SPOTE008	SPOTE009	SPOTE010	SPOTE011
SPOTE012	SPOTE013	SPOTE014	SPOTE015	SPOTE016	SPOVB001
SPOVB002	SPOVB003	SPOVB004	SPOVB005	SPOVB006	SPOVB007
SPOWA001	SPOWA002	SPOWA003	SPOWA004	SPOWA005	SPOWA006
SPOWA007	SPOWA008	SPOWA009	SPOWA010	SPOWA011	SPOWA012
SPOWA013	SPOWA014	SPOWA015	SPOWA016	SPOWA017	SPOWA018
SPOWA019	SPOWA020	SPOWA021	SPOWA022	SPOWA023	SPOWA024
SPOWA025	SPOWA026	SPOWA027	SPOWA028	SPOWA029	SPOWA030
SPOWA031	SPOWA032	SPOWA033	SPOWA034	SPOWA035	SPOWA036

Clipart & Fonts

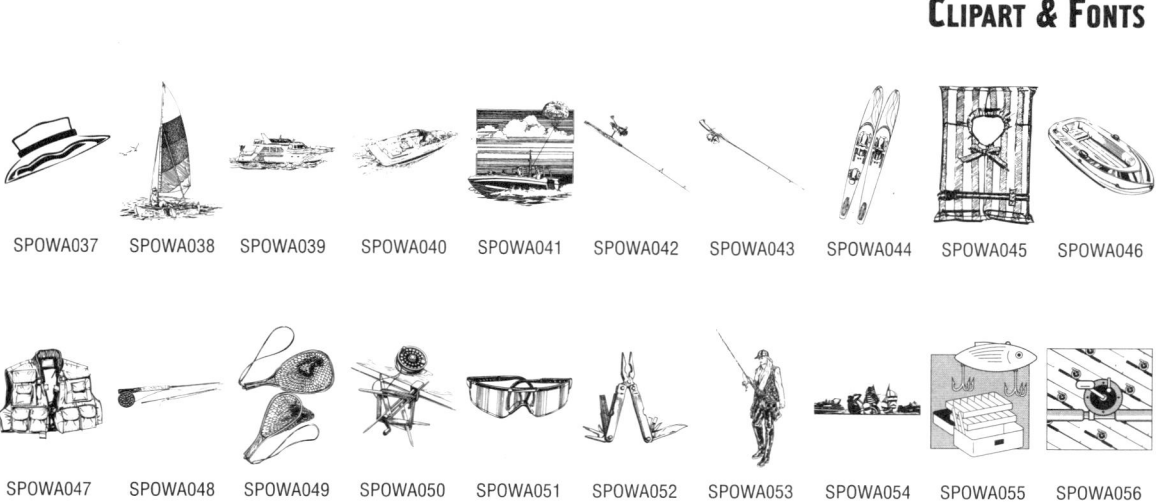

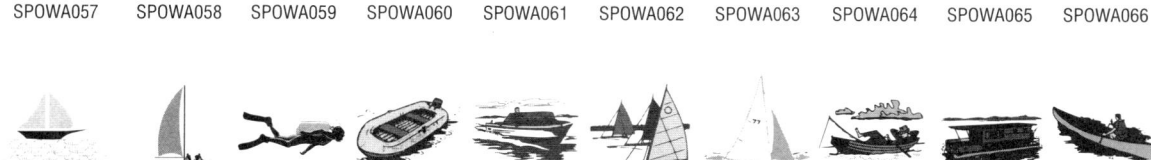

SPOWA037	SPOWA038	SPOWA039	SPOWA040	SPOWA041	SPOWA042	SPOWA043	SPOWA044	SPOWA045	SPOWA046
SPOWA047	SPOWA048	SPOWA049	SPOWA050	SPOWA051	SPOWA052	SPOWA053	SPOWA054	SPOWA055	SPOWA056
SPOWA057	SPOWA058	SPOWA059	SPOWA060	SPOWA061	SPOWA062	SPOWA063	SPOWA064	SPOWA065	SPOWA066
SPOWA067	SPOWA068	SPOWA069	SPOWA070	SPOWA071	SPOWA072	SPOWA073	SPOWA074	SPOWA075	SPOWA076
SPOWA077	SPOWA078	SPOWA079	SPOWA080	SPOWA081	SPOWA082	SPOWA083	SPOWA084	SPOWA085	SPOWA086
SPOWA087	SPOWA088	SPOWA089	SPOWA090	SPOWA091	SPOWA092	SPOWA093	SPOWA094	SPOWA095	SPOWA096

FreeHand

SPOWA097	SPOWA098	SPOWA099
SPOWA100	SPOWA101	SPOWA102
SPOWA103	SPOWA104	SPOWA105
SPOWA106	SPOWA107	SPOWI001
SPOWI002	SPOWI003	SPOWI004
SPOWI005	SPOWI006	SPOWI007
SPOWI008	SPOWI009	SPOWI010
SPOWI011	SPOWI012	SPOWI013
SPOWI014	SPOWI015	SPOWI016
SPOWI017	SPOWI018	SPOWI019
SPOWI020	SPOWI021	SPOWN001
SPOWN002	SPOWN003	SPOWN004
SPOWN005	SPOWN006	SPOWN007
SPOWN008	SPOWN009	SPOWN010
SPOWN011	SPOWN012	SPOWN013
SPOWN014	SPOWN015	SPOWN016
SPOWN017	SPOWN018	SPOWN019
SPOWN020	SPOWN021	SPOWN022
SPOWN023	SPOWN024	SPOWN025
SPOWN026	SPOWN027	SPOWN028

Clipart & Fonts

| SPOWN029 | SPOWN030 |  SPOWN031 | SPOWN032 | SPOWN033 |  SPOWN034 |  SPOWN035 |  SPOWN036 |  SPOWN037 |  SPOWN038 |

| SPOWN039 |  SPOWN040 |  SPOWN041 |  SPOWN042 |  SPOWN043 |  SPOWN044 |  SPOWN045 |  SPOWN046 |  SPOWN047 |  SPOWN048 |

| SPOWN049 |  SPOWN050 |   SPOWN051 |  SPOWN052 | SPOWN053 |  SPOWN054 |  SPOWN055 |  SPOWN056 | SPOWN057 |  SPOWN058 |

| SPOWN059 |  SPOWN060 |  SPOWN061 |

ENJOY THE VIEW

FreeHand

symbols	SPOIM001	SPOIM002
SPOIM003	SPOIM004	SPOIM005
SPOIM006	SPOIM007	SPOIM008
SPOIM009	SPOIM010	SPOIM011
SPOIM012	SPOIM013	SPOIM014
SPOIM015	SPOIM016	SPOIM017
SPOIM018	SPOIM019	SPOIM020
SPOIM021	SPOIM022	SPOIM023
SPOIM024	SPOIM025	SPOIM026
SPOIM027	SPOIM028	SPOIM029
SPOIM030	SPOIM031	SPOIM032
SPOIM033	SPOIM034	SPOIM035
SPOIM036	SPOIM037	SPOIM038
SPOIM039	SPOIM040	SPOIM041
SPOIM042	SPOIM043	SPOIM044
SPOIM045	SPOIM046	SPOIM047
SPOIM048	SPOIM049	SPOIM050
SPOIM051	SPOIM052	SPOIM053
SPOIM054	SPOIM055	SPOIM056
SPOIM057	SPOIM058	SPOIM059

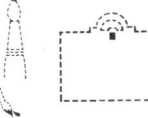

Clipart & Fonts

| SPOIM060 | SPOIM061 | SPOIM062 | SPOIM063 | SPOIM064 | SPOIM065 | SPOIM066 | SPOIM067 | SPOIM068 | SPOIM069 |

| SPOIM070 | SYMBP001 | SYMBP002 | SYMBP003 | SYMBP004 | SYMBP005 | SYMBP006 | SYMBP007 | SYMBP008 | SYMBP009 |

| SYMBP010 | SYMBP011 | SYMBP012 | SYMBP013 | SYMBP014 | SYMBP015 | SYMBP016 | SYMBP017 | SYMBP018 | SYMBP019 |

| SYMBP020 | SYMBP021 | SYMBP022 | SYMBP023 | SYMBP024 | SYMBP025 | SYMBP026 | SYMBP027 | SYMBP028 | SYMBP029 |

| SYMBP030 | SYMBP031 | SYMBP032 | SYMBP033 | SYMBP034 | SYMBP035 | SYMBP036 | SYMBP037 | SYMBP038 | SYMBP039 |

| SYMBP040 | SYMBP041 | SYMBP042 | SYMBP043 | SYMBP044 | SYMBP045 | SYMBP046 | SYMBP047 | SYMBP048 | SYMBP049 |

FreeHand

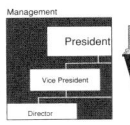

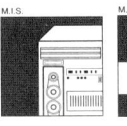

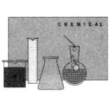

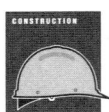

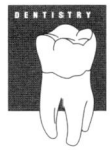

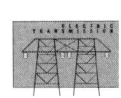

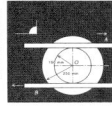

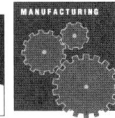

SYMBP050	SYMBP051	SYMBP052	SYMBP053	SYMBP054	SYMBP055	SYMBP056	SYMBP057	SYMBP058	SYMBP059
SYMBP060	SYMBP061	SYMBP062	SYMBP063	SYMBP064	SYMBP065	SYMBP066	SYMBP067	SYMBP068	SYMBP069
SYMBP070	SYMBP071	SYMBP072	SYMEN001	SYMEN002	SYMEN003	SYMEN004	SYMEN005	SYMEN006	SYMEN007
SYMEN008	SYMEN009	SYMEN010	SYMEN011	SYMEN012	SYMEN013	SYMEN014	SYMEN015	SYMEN016	SYMEN017
SYMEN018	SYMEN019	SYMEN020	SYMEN021	SYMEN022	SYMIN001	SYMIN002	SYMIN003	SYMIN004	SYMIN005
SYMIN006	SYMIN007	SYMIN008	SYMIN009	SYMIN010	SYMIN011	SYMIN012	SYMIN013	SYMIN014	SYMIN015

Clipart & Fonts

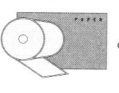

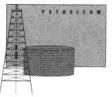

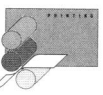

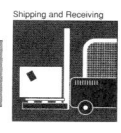

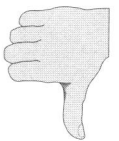

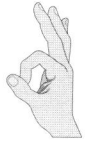

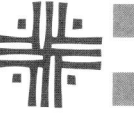

SYMIN016	SYMIN017	SYMIN018	SYMIN019	SYMIN020	SYMIN021	SYMIN022	SYMIN023	SYMIN024	SYMIN025		
SYMIN026	SYMIN027	SYMIN028	SYMIN029	SYMIN030	SYMIT001	SYMIT002	SYMIT003	SYMIT004	SYMIT005		
SYMIT006	SYMIT007	SYMIT008	SYMIT009	SYMIT010	SYMIT011	SYMIT012	SYMIT013	SYMIT014	SYMIT015		
SYMIT016	SYMIT017	SYMIT018	SYMIT019	SYMIT020	SYMIT021	SYMIT022	SYMIT023	SYMIT024	SYMIT025		
SYMLA001	SYMLA002	SYMLA003	SYMLA004	SYMLA005	SYMLA006	SYMLA007	SYMLA008	SYMPA001	SYMPA002		
SYMPA003	SYMPA004	SYMPA005	SYMPA006	SYMPA007	SYMPA008	SYMPA009	SYMPA010	SYMPA011	SYMPA012		

FreeHand

SYMPA013	SYMPA014	SYMPA015	SYMPA016
SYMPA017	SYMPA018	SYMPA019	SYMPA020
SYMPA021	SYMPA022	SYMPA023	SYMPA024
SYMPA025	SYMPA026	SYMPA027	SYMPA028
SYMPA029	SYMPA030	SYMPA031	SYMPA032
SYMPA033	SYMPA034	SYMPA035	SYMPA036
SYMPA037	SYMPA038	SYMPA039	SYMPA040
SYMPA041	SYMPA042	SYMPA043	SYMPA044
SYMPA045	SYMPA046	SYMPA047	SYMPA048
SYMPA049	SYMPA050	SYMPA051	SYMPA052
SYMPA053	SYMPA054	SYMPA055	SYMPA056
SYMPA057	SYMPE001	SYMPE002	SYMPE003
SYMPE004	SYMPE005	SYMPE006	SYMPE007
SYMPE008	SYMPE009	SYMPE010	SYMPE011
SYMPE012	SYMPE013	SYMPE014	SYMPE015

Clipart & Fonts

SYMPE016	 SYMPE017	 SYMPE018	 SYMPE019	 SYMPE020	 SYMPE021	 SYMPE022	 SYMPR001	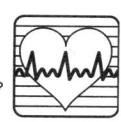 SYMPR002	 SYMPR003
 SYMPR004	SYMPR005	 SYMRE001	 SYMRE002	 SYMRE003	 SYMRE004	 SYMRE005	 SYMRE006	SYMRE007	SYMRE008
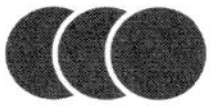 SYMRE009	SYMRE010	 SYMRE011	SYMRE012	SYMRE013	 SYMRE014	 SYMRE015	SYMRE016	 SYMRE017	SYMSI001
 SYMSI002	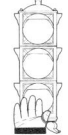 SYMSI003	 SYMSI004	 SYMSI005	 SYMSI006	SYMSI007	 SYMSI008	 SYMSI009	 SYMSI010	 SYMSI011

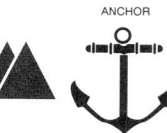

FreeHand

tech	TECC0001	TECC0002
TECC0003	TECC0004	TECC0005
TECC0006	TECC0007	TECC0008
TECC0009	TECC0010	TECC0011
TECC0012	TECC0013	TECC0014
TECC0015	TECC0016	TECC0017
TECC0018	TECC0019	TECC0020
TECC0021	TECC0022	TECC0023
TECC0024	TECC0025	TECC0026
TECC0027	TECC0028	TELIC001
TELIC002	TELIC003	TELIC004
TELIC005	TELIC006	TELIC007
TECMA001	TECMA002	TECMA003
TECMA004	TECMA005	TECMA006
TECMA007	TECMA008	TECMA009
TECMA010	TECMA011	TECMA012
TECNE001	TECNE002	TECNE003
TECPC001	TECPC002	TECPC003
TECPC004	TECPC005	TECPC006
TECPC007	TECPC008	TECPC009

172

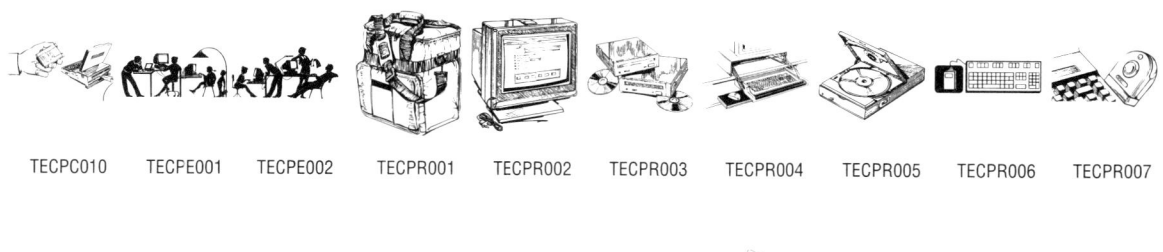

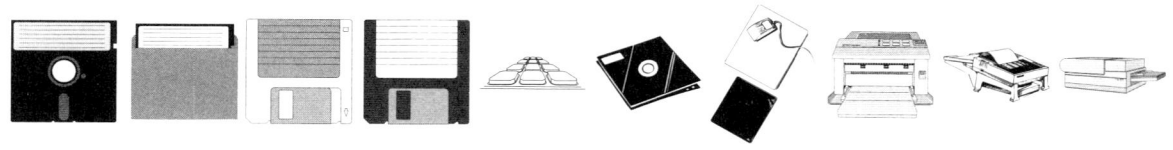

Clipart & Fonts

| TECPC010 | TECPE001 | TECPE002 | TECPR001 | TECPR002 | TECPR003 | TECPR004 | TECPR005 | TECPR006 | TECPR007 |

| TECPR008 | TECPR009 | TECPR010 | TECPR011 | TECPR012 | TECPR013 | TECPR014 | TECPT001 | TECPT002 | TECPT003 |

| TECPT004 | TECVP001 | TECVP002 | TECVP003 | TECVP004 | TECVP005 | TECVP006 |

FreeHand

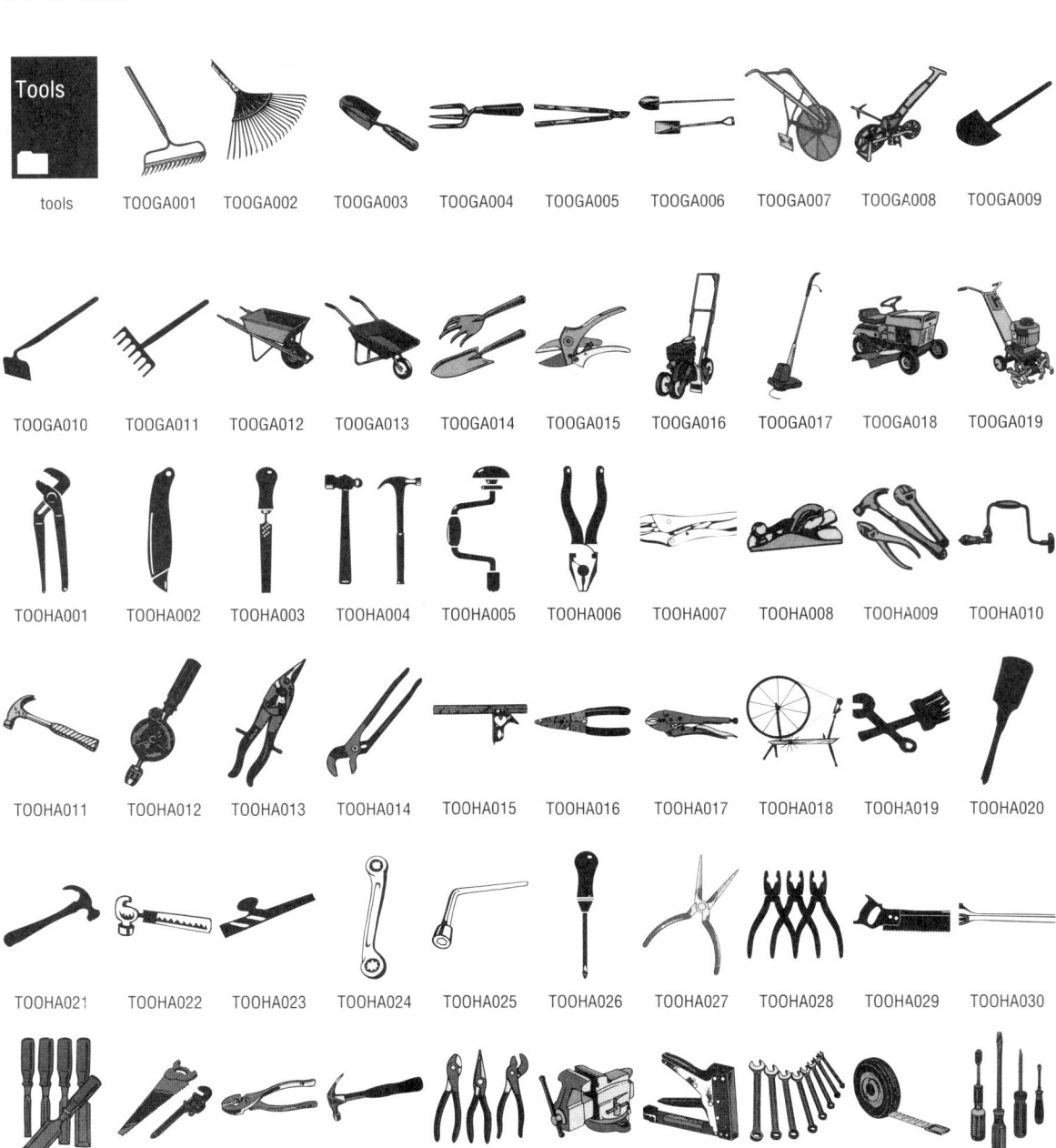

tools	TOOGA001	TOOGA002	TOOGA003	TOOGA004	TOOGA005	TOOGA006	TOOGA007	TOOGA008	TOOGA009	
TOOGA010	TOOGA011	TOOGA012	TOOGA013	TOOGA014	TOOGA015	TOOGA016	TOOGA017	TOOGA018	TOOGA019	
TOOHA001	TOOHA002	TOOHA003	TOOHA004	TOOHA005	TOOHA006	TOOHA007	TOOHA008	TOOHA009	TOOHA010	
TOOHA011	TOOHA012	TOOHA013	TOOHA014	TOOHA015	TOOHA016	TOOHA017	TOOHA018	TOOHA019	TOOHA020	
TOOHA021	TOOHA022	TOOHA023	TOOHA024	TOOHA025	TOOHA026	TOOHA027	TOOHA028	TOOHA029	TOOHA030	
TOOHA031	TOOHA032	TOOHA033	TOOHA034	TOOHA035	TOOHA036	TOOHA037	TOOHA038	TOOHA039	TOOHA040	

Clipart & Fonts

TOOHA041	TOOHA042	TOOHA043	TOOHA044	TOOHA045	TOOHA046	TOOHA047	TOOHA048	TOOHA049	TOOHA050
TOOHA051	TOOHA052	TOOHA053	TOOHA054	TOOHA055	TOOHA056	TOOHA057	TOOHA058	TOOHA059	TOOHA060
TOOHA061	TOOHA062	TOOHA063	TOOHA064	TOOHA065	TOOHA066	TOOHA067	TOOHA068	TOOPA001	TOOPA002
TOOPA003	TOOPA004	TOOPA005	TOOPA006	TOOPA007	TOOPA008	TOOPW001	TOOPW002	TOOPW003	TOOPW004
TOOPW005	TOOPW006	TOOPW007	TOOPW008	TOOPW009	TOOPW010	TOOPW011	TOOPW012	TOOPW013	TOOPW014
TOOPW015	TOOPW016	TOOPW017	TOOPW018	TOOPW019	TOOPW020	TOOPW021	TOOPW022	TOOPW023	TOOPW024

175

FreeHand

TOOPW025   TOOPW026   TOOPW027

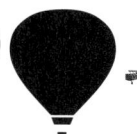

Clipart & Fonts

transprt	TRAAI001	TRAAI002	TRAAI003
TRAAI004	TRAAI005	TRAAI006	TRAAI007
TRAAI008	TRAAI009	TRAAI010	TRAAI011
TRAAI012	TRAAI013	TRAAI014	TRAAI015
TRAAI016	TRAAI017	TRAAI018	TRAAI019
TRAAI020	TRAAI021	TRAAI022	TRAAI023
TRAAI024	TRAAI025	TRAAI026	TRAAI027
TRAAI028	TRAAI029	TRAAI030	TRAAI031
TRAAI032	TRAAI033	TRAAI034	TRAAI035
TRAAI036	TRAAI037	TRAAI038	TRAAI039
TRAAI040	TRAAI041	TRAAI042	TRAAI043
TRAAI044	TRAAI045	TRAAI046	TRAAI047
TRAAI048	TRAAI049	TRAAI050	TRAGR001
TRAGR002	TRAGR003	TRAGR004	TRAGR005
TRAGR006	TRAGR007	TRAGR008	TRAGR009

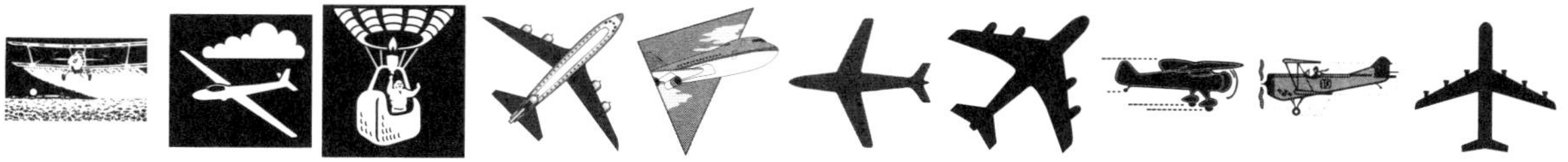

FreeHand

TRAGR010	TRAGR011	TRAGR012	TRAGR013	TRAGR014	TRAGR015	TRAGR016	TRAGR017	TRAGR018	TRAGR019
TRAGR020	TRAGR021	TRAGR022	TRAGR023	TRAGR024	TRAGR025	TRAGR026	TRAGR027	TRAGR028	TRAGR029
TRAGR030	TRAGR031	TRAGR032	TRAGR033	TRAGR034	TRAGR035	TRAGR036	TRAGR037	TRAGR038	TRAGR039
TRAGR040	TRAGR041	TRAGR042	TRAGR043	TRAGR044	TRAGR045	TRAGR046	TRAGR047	TRAGR048	TRAGR049
TRAGR050	TRAGR051	TRAGR052	TRAGR053	TRAGR054	TRAGR055	TRAGR056	TRAGR057	TRAGR058	TRAGR059
TRAGR060	TRAGR061	TRAGR062	TRAGR063	TRAGR064	TRAGR065	TRAGR066	TRAGR067	TRAGR068	TRAGR069

Clipart & Fonts

TRAGR070	TRAGR071	TRAGR072	TRAGR073	TRAGR074	TRAGR075	TRAGR076	TRAGR077	TRAGR078	TRAGR079	
TRAGR080	TRAGR081	TRAGR082	TRAGR083	TRAGR084	TRAGR085	TRAGR086	TRAGR087	TRAGR088	TRAGR089	
TRAGR090	TRAGR091	TRAGR092	TRAGR093	TRAGR094	TRAGR095	TRAGR096	TRAGR097	TRAGR098	TRAGR099	
TRAGR100	TRAGR101	TRAGR102	TRAGR103	TRAGR104	TRAGR105	TRAGR106	TRAGR107	TRAGR108	TRAGR109	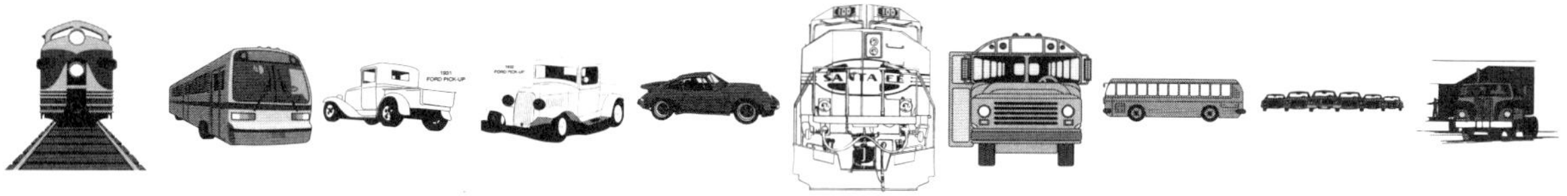
TRAGR110	TRAGR111	TRAGR112	TRAGR113	TRAGR114	TRAGR115	TRAGR116	TRAGR117	TRAGR118	TRAGR119	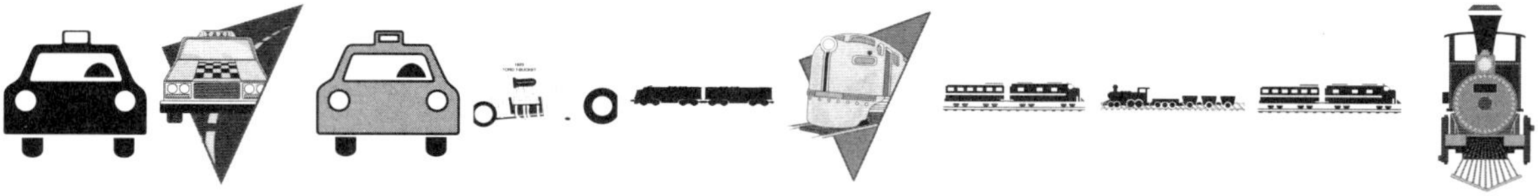
TRAGR120	TRAGR121	TRAGR122	TRAGR123	TRAGR124	TRAGR125	TRAGR126	TRAGR127	TRAGR128	TRAGR129	

FreeHand

| TRAGR130 | TRAGR131 | TRAGR132 | TRAGR133 | TRAMA001 | TRAMA002 | TRAMA003 | TRAMA004 | TRAMA005 | TRAMA006 |

| TRAMA007 | TRAMA008 | TRAMA009 | TRAMA010 | TRAMA011 | TRAMA012 | TRAMA013 | TRAMA014 | TRAMA015 | TRAMA016 |

| TRAMA017 | TRAMA018 | TRAMA019 | TRAMA020 | TRAMA021 | TRAMA022 | TRAMA023 | TRAMA024 | TRAMA025 | TRAMA026 |

| TRAMA027 | TRAMA028 | TRAMA029 | TRAMA030 | TRAMA031 | TRAMA032 | TRAMA033 | TRAMA034 | TRAMA035 | TRAMA036 |

| TRAMA037 | TRAMA038 | TRAMA039 | TRAMA040 | TRAMA041 | TRAMA042 | TRAMA043 | TRAMA044 | TRAMA045 | TRAMA046 |

| TRAMA047 | TRAMA048 | TRAMA049 | TRAMA050 | TRAMA051 | TRAMA052 | TRAMA053 | TRAMA054 | TRAMA055 | TRAMA056 |

Clipart & Fonts

TRAPA001  TRAPA002  TRAPA003 TRAPA004 TRAPA005  TRAPA006  TRAPA007 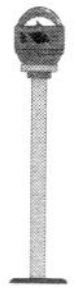 TRAPA008  TRAPA009 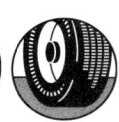 TRAPA010

TRAPA011  TRAPA012  TRAPA013  TRAPA014  TRAPA015  TRAPA016  TRAPA017

FreeHand

travel	TRVIN001	TRVIN002
TRVIN003	TRVIN004	TRVIN005
TRVIN006	TRVIN007	TRVIN008
TRVIN009	TRVIN010	TRVIN011
TRVIN012	TRVIN013	TRVIN014
TRVIN015	TRVIN016	TRVIN017
TRVIN018	TRVIN019	TRVIN020
TRVIN021	TRVIN022	TRVIN023
TRVIN024	TRVIN025	TRVIN026
TRVIN027	TRVIN028	TRVIN029
TRVIN030	TRVLU001	TRVLU002
TRVLU003	TRVLU004	TRVLU005
TRVLU006	TRVLU007	TRVLU008
TRVLU009	TRVLU010	TRVLU011
TRVLU012	TRVLU013	TRVLU014
TRVLU015	TRVLU016	TRVSI001
TRVSI002	TRVSI003	TRVSI004
TRVSI005	TRVSI006	TRVSI007
TRVSI008	TRVSI009	TRVSI010
TRVSI011	TRVSI012	TRVSI013

Clipart & Fonts

TRVSI014	TRVSI015	TRVSI016	TRVSI017
TRVSI018	TRVSI019	TRVSI020	TRVSI021
TRVSI022	TRVSI023	TRVSI024	TRVSI025
TRVSI026	TRVSI027	TRVSI028	TRVSI029
TRVSI030	TRVSI031	TRVSI032	TRVSI033
TRVSI034	TRVSI035	TRVSI036	TRVSI037
TRVSI038	TRVSI039	TRVSI040	TRVSI041
TRVUS001	TRVUS002	TRVUS003	TRVUS004
TRVUS005	TRVUS006	TRVUS007	TRVUS008
TRVUS009	TRVUS010	TRVUS011	TRVUS012
TRVUS013	TRVUS014	TRVUS015	TRVUS016
TRVUS017	TRVUS018	TRVUS019	TRVUS020
TRVUS021	TRVUS022	TRVUS023	TRVUS024
TRVUS025	TRVVA001	TRVVA002	TRVVA003
TRVVA004	TRVVA005	TRVVA006	TRVVA007

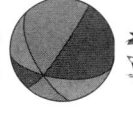

FreeHand

TRVVA008 TRVVA009 TRVVA010 TRVVA011 TRVVA012 TRVVA013 TRVVA014

Clipart & Fonts

zodiac	ZODIA001	ZODIA002
ZODIA003	ZODIA004	ZODIA005
ZODIA006	ZODIA007	ZODIA008
ZODIA009	ZODIA010	ZODIA011
ZODIA012	ZODIA013	ZODIA014
ZODIA015	ZODIA016	ZODIA017
ZODIA018	ZODIA019	ZODIA020
ZODIA021	ZODIA022	ZODIA023
ZODIA024	ZODIA025	

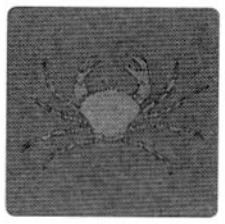

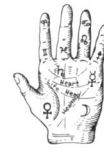

FONTS

FreeHand

Antiqua

ABCDEFGHIJKLMNOPQRSTUVWXYZabcdefghijklmnopqrstuvwxyz012345
URWAntiquaT

ABCDEFGHIJKLMNOPQRSTUVWXYZabcdefghijklmnopqrst0123456789
URWAntiquaTBold

ABCDEFGHIJKLMNOPQRSTUVWXYZabcdefghijklmnopqrstu0123456789
URWAntiquaTBold Oblique

ABCDEFGHIJKLMNOPQRSTUVWXYZabcdefghijklmnopqrstuv0123456789
URWAntiquaTOblique

ABCDEFGHIJKLMNOPQRSTUVWXYZabcdefghijklmnopqrs0123456789
URWAntiquaTExtBol

ABCDEFGHIJKLMNOPQRSTUVWXYZabcdefghijklmnopqrs0123456789
URWAntiquaTExtBol Oblique

ABCDEFGHIJKLMNOPQRSTUVWXYZabcdefghijklmnopqrstuvwxyz0123456789
URWAntiquaTExtBolExtNar

ABCDEFGHIJKLMNOPQRSTUVWXYZabcdefghijklmnopqrstuvwxyz0123456789
URWAntiquaTExtBolExtNar Oblique

ABCDEFGHIJKLMNOPQRSTUVWXYZabcdefghijkl0123456789
URWAntiquaTExtBolExtWid

ABCDEFGHIJKLMNOPQRSTUVWXYZabcdefghijklm0123456789
URWAntiquaTExtBolExtWid Oblique

ABCDEFGHIJKLMNOPQRSTUVWXYZabcdefghijklmnopqrstuv0123456789
URWAntiquaTExtBolNar

CLIPART & FONTS

ABCDEFGHIJKLMNOPQRSTUVWXYZabcdefghijklmnopqrstuvwxyz0123456789
URWAntiquaTExtBolNar Oblique

ABCDEFGHIJKLMNOPQRSTUVWXYZabcdefghijklmno0123456789
URWAntiquaTExtBolWid

ABCDEFGHIJKLMNOPQRSTUVWXYZabcdefghijklmno0123456789
URWAntiquaTExtBolWid Oblique

ABCDEFGHIJKLMNOPQRSTUVWXYZabcdefghijklmnopqrstuvwxyz0123456789
URWAntiquaTNar

ABCDEFGHIJKLMNOPQRSTUVWXYZabcdefghijklmnopqrstuvwxyz0123456789
URWAntiquaTExtNar Bold

ABCDEFGHIJKLMNOPQRSTUVWXYZabcdefghijklmnopqrstuvwxyz0123456789
URWAntiquaTExtNar Bold Oblique

ABCDEFGHIJKLMNOPQRSTUVWXYZabcdefghijklmnopqrstuvwxyz0123456789
URWAntiquaTExtNar Oblique

ABCDEFGHIJKLMNOPQRSTUVWXYZabcdefghijklmnopqrstuvwxy012345678
URWAntiquaTExtWid

ABCDEFGHIJKLMNOPQRSTUVWXYZabcdefghijklmn0123456789
URWAntiquaTExtWid Bold

ABCDEFGHIJKLMNOPQRSTUVWXYZabcdefghijklmn0123456789
URWAntiquaTExtWid Bold Oblique

ABCDEFGHIJKLMNOPQRSTUVWXYZabcdefghijklmnop0123456789
URWAntiquaTExtWid Oblique

ABCDEFGHIJKLMNOPQRSTUVWXYZabcdefghijklmnopqrstuv0123456789
URWAntiquaTMed

ABCDEFGHIJKLMNOPQRSTUVWXYZabcdefghijklmnopqrstuv0123456789
URWAntiquaTMed Oblique

FreeHand

ABCDEFGHIJKLMNOPQRSTUVWXYZabcdefghijklmnopqrstuvwxyz0123456789
URWAntiqua MedExtNar

ABCDEFGHIJKLMNOPQRSTUVWXYZabcdefghijklmnopqrstuvwxyz0123456789
URWAntiqua MedExtNar Oblique

ABCDEFGHIJKLMNOPQRSTUVWXYZabcdefghijklmno0123456789
URWAntiqua MedExtWid

ABCDEFGHIJKLMNOPQRSTUVWXYZabcdefghijklmno0123456789
URWAntiqua MedExtWid Oblique

ABCDEFGHIJKLMNOPQRSTUVWXYZabcdefghijklmnopqrstuvwxy0123456789
URWAntiqua MedNar

ABCDEFGHIJKLMNOPQRSTUVWXYZabcdefghijklmnopqrstuvwxyz012345678
URWAntiqua MedNar Oblique

ABCDEFGHIJKLMNOPQRSTUVWXYZabcdefghijklmnopqrs0123456789
URWAntiqua MedWid

ABCDEFGHIJKLMNOPQRSTUVWXYZabcdefghijklmnopqrs0123456789
URWAntiqua MedWid Oblique

ABCDEFGHIJKLMNOPQRSTUVWXYZabcdefghijklmnopqrstuvwxyz0123456789
URWAntiqua Nar

ABCDEFGHIJKLMNOPQRSTUVWXYZabcdefghijklmnopqrstuvw0123456789
URWAntiqua Nar Bold

ABCDEFGHIJKLMNOPQRSTUVWXYZabcdefghijklmnopqrstuvwx0123456789
URWAntiqua Nar Bold Oblique

ABCDEFGHIJKLMNOPQRSTUVWXYZabcdefghijklmnopqrstuvwxyz0123456789
URWAntiqua Nar Oblique

Clipart & Fonts

ABCDEFGHIJKLMNOPQRSTUVWXYZabcdefghijklmnopq0123456789
URWAntiquaTUltBol

ABCDEFGHIJKLMNOPQRSTUVWXYZabcdefghijklmnopq0123456789
URWAntiquaTUltBol Oblique

ABCDEFGHIJKLMNOPQRSTUVWXYZabcdefghijklmnopqrstuvwx0123456789
URWAntiquaTUltBolExtNar

ABCDEFGHIJKLMNOPQRSTUVWXYZabcdefghijklmnopqrstuvwx0123456789
URWAntiquaTUltBolExtNar Oblique

ABCDEFGHIJKLMNOPQRSTUVWXYZabcdefghijkl0123456789
URWAntiquaTUltBolExtWid

ABCDEFGHIJKLMNOPQRSTUVWXYZabcdefghijkl0123456789
URWAntiquaTUltBolExtWid Oblique

ABCDEFGHIJKLMNOPQRSTUVWXYZabcdefghijklmnopqrstu0123456789
URWAntiquaTUltBolNar

ABCDEFGHIJKLMNOPQRSTUVWXYZabcdefghijklmnopqrstu0123456789
URWAntiquaTUltBolNar Oblique

ABCDEFGHIJKLMNOPQRSTUVWXYZabcdefghijklmn0123456789
URWAntiquaTUltBolWid

ABCDEFGHIJKLMNOPQRSTUVWXYZabcdefghijklmn0123456789
URWAntiquaTUltBolWid Oblique

ABCDEFGHIJKLMNOPQRSTUVWXYZabcdefghijklmnopqrst0123456789
URWAntiquaTWid

ABCDEFGHIJKLMNOPQRSTUVWXYZabcdefghijklmnopq0123456789
URWAntiquaTWidBold

ABCDEFGHIJKLMNOPQRSTUVWXYZabcdefghijklmnopq0123456789
URWAntiquaTWidBold Oblique

FreeHand

ABCDEFGHIJKLMNOPQRSTUVWXYZabcdefghijklmnopqrst0123456789
URWAntiquaTWidOblique

Imperial

ABCDEFGHIJKLMNOPQRSTUVWXYZabcdefghijklmnopqrstuvwxyz0123456789
URWImperialT

ABCDEFGHIJKLMNOPQRSTUVWXYZabcdefghijklmnopqrstuvwxyz0123456789
URWImperialT Bold

ABCDEFGHIJKLMNOPQRSTUVWXYZabcdefghijklmnopqrstuvwxyz0123456789
URWImperialT Bold Oblique

ABCDEFGHIJKLMNOPQRSTUVWXYZabcdefghijklmnopqrstuvwxyz0123456789
URWImperialT Oblique

ABCDEFGHIJKLMNOPQRSTUVWXYZabcdefghijklmnopqrstuvwxyz0123456789
URWImperialTExtBol

ABCDEFGHIJKLMNOPQRSTUVWXYZabcdefghijklmnopqrstuvwxyz0123456789
URWImperialTExtBol Oblique

ABCDEFGHIJKLMNOPQRSTUVWXYZabcdefghijklmnopqrstuvwxyz0123456789
URWImperialTExtBolExtNar

ABCDEFGHIJKLMNOPQRSTUVWXYZabcdefghijklmnopqrstuvwxyz0123456789
URWImperialTExtBolExtNar Oblique

ABCDEFGHIJKLMNOPQRSTUVWXYZabcdefghijklmnopqrstuv0123456789
URWImperialTExtBolExtWid

ABCDEFGHIJKLMNOPQRSTUVWXYZabcdefghijklmnopqrstuv0123456789
URWImperialTExtBolExtWid Oblique

Clipart & Fonts

ABCDEFGHIJKLMNOPQRSTUVWXYZabcdefghijklmnopqrstuvwxyz0123456789
URWImperialTExtBolNar

ABCDEFGHIJKLMNOPQRSTUVWXYZabcdefghijklmnopqrstuvwxyz0123456789
URWImperialTExtBolNar Oblique

ABCDEFGHIJKLMNOPQRSTUVWXYZabcdefghijklmnopqrstuvwxyz0123456789
URWImperialTExtBolWid

ABCDEFGHIJKLMNOPQRSTUVWXYZabcdefghijklmnopqrstuvwxyz0123456789
URWImperialTExtBolWid Oblique

ABCDEFGHIJKLMNOPQRSTUVWXYZabcdefghijklmnopqrstuvwxyz0123456789
URWImperialTExtNar

ABCDEFGHIJKLMNOPQRSTUVWXYZabcdefghijklmnopqrstuvwxyz0123456789
URWImperialTExtNar Bold

ABCDEFGHIJKLMNOPQRSTUVWXYZabcdefghijklmnopqrstuvwxyz0123456789
URWImperialTExtNar Bold Oblique

ABCDEFGHIJKLMNOPQRSTUVWXYZabcdefghijklmnopqrstuvwxyz0123456789
URWImperialTExtNar Oblique

ABCDEFGHIJKLMNOPQRSTUVWXYZabcdefghijklmnopqrstuvwxyz0123456789
URWImperialTExtWid

ABCDEFGHIJKLMNOPQRSTUVWXYZabcdefghijklmnopqrstuvwx0123456789
URWImperialTExtWid Bold

ABCDEFGHIJKLMNOPQRSTUVWXYZabcdefghijklmnopqrstuvw0123456789
URWImperialTExtWid Bold Oblique

ABCDEFGHIJKLMNOPQRSTUVWXYZabcdefghijklmnopqrstuvwxyz0123456789
URWImperialTExtWid Oblique

FreeHand

ABCDEFGHIJKLMNOPQRSTUVWXYZabcdefghijklmnopqrstuvwxyz0123456789
URWImperialTMed

ABCDEFGHIJKLMNOPQRSTUVWXYZabcdefghijklmnopqrstuvwxyz0123456789
URWImperialTMed Oblique

ABCDEFGHIJKLMNOPQRSTUVWXYZabcdefghijklmnopqrstuvwxyz0123456789
URWImperialTMedExtNar

ABCDEFGHIJKLMNOPQRSTUVWXYZabcdefghijklmnopqrstuvwxyz0123456789
URWImperialTMedExtNar Oblique

ABCDEFGHIJKLMNOPQRSTUVWXYZabcdefghijklmnopqrstuvwxyz0123456789
URWImperialTMedExtWid

ABCDEFGHIJKLMNOPQRSTUVWXYZabcdefghijklmnopqrstuvwxyz0123456789
URWImperialTMedExtWid Oblique

ABCDEFGHIJKLMNOPQRSTUVWXYZabcdefghijklmnopqrstuvwxyz0123456789
URWImperialTMedNar

ABCDEFGHIJKLMNOPQRSTUVWXYZabcdefghijklmnopqrstuvwxyz0123456789
URWImperialTMedNar Oblique

ABCDEFGHIJKLMNOPQRSTUVWXYZabcdefghijklmnopqrstuvwxyz0123456789
URWImperialTMedWid

ABCDEFGHIJKLMNOPQRSTUVWXYZabcdefghijklmnopqrstuvwxyz0123456789
URWImperialTMedWid Oblique

ABCDEFGHIJKLMNOPQRSTUVWXYZabcdefghijklmnopqrstuvwxyz0123456789
URWImperialTNar

ABCDEFGHIJKLMNOPQRSTUVWXYZabcdefghijklmnopqrstuvwxyz0123456789
URWImperialTNar Bold

ABCDEFGHIJKLMNOPQRSTUVWXYZabcdefghijklmnopqrstuvwxyz0123456789
URWImperialTNar Bold Oblique

Clipart & Fonts

ABCDEFGHIJKLMNOPQRSTUVWXYZabcdefghijklmnopqrstuvwxyz0123456789
URWImperialTNar Oblique

ABCDEFGHIJKLMNOPQRSTUVWXYZabcdefghijklmnopqrstuvwxyz0123456789
URWImperialTUltBol

ABCDEFGHIJKLMNOPQRSTUVWXYZabcdefghijklmnopqrstuvwxyz0123456789
URWImperialTUltBol Oblique

ABCDEFGHIJKLMNOPQRSTUVWXYZabcdefghijklmnopqrstuvwxyz0123456789
URWImperialTUltBolExtNar

ABCDEFGHIJKLMNOPQRSTUVWXYZabcdefghijklmnopqrstuvwxyz0123456789
URWImperialTUltBolExtNar Oblique

ABCDEFGHIJKLMNOPQRSTUVWXYZabcdefghijklmnopqrst0123456789
URWImperialTUltBolExtWid

ABCDEFGHIJKLMNOPQRSTUVWXYZabcdefghijklmnopqrst0123456789
URWImperialTUltBolExtWid Oblique

ABCDEFGHIJKLMNOPQRSTUVWXYZabcdefghijklmnopqrstuvwxyz0123456789
URWImperialTUltBolNar

ABCDEFGHIJKLMNOPQRSTUVWXYZabcdefghijklmnopqrstuvwxyz0123456789
URWImperialTUltBolNar Oblique

ABCDEFGHIJKLMNOPQRSTUVWXYZabcdefghijklmnopqrstuvw0123456789
URWImperialTUltBolWid

ABCDEFGHIJKLMNOPQRSTUVWXYZabcdefghijklmnopqrstuvw0123456789
URWImperialTUltBolWid Oblique

ABCDEFGHIJKLMNOPQRSTUVWXYZabcdefghijklmnopqrstuvwxyz0123456789
URWImperialTWid

ABCDEFGHIJKLMNOPQRSTUVWXYZabcdefghijklmnopqrstuvwxyz0123456789
URWImperialTWid Bold

FreeHand

ABCDEFGHIJKLMNOPQRSTUVWXYZabcdefghijklmnopqrstuvwxyz0123456789
URWImperialTWid Bold Oblique

ABCDEFGHIJKLMNOPQRSTUVWXYZabcdefghijklmnopqrstuvwxyz0123456789
URWImperialTWid Oblique

Garamond

ABCDEFGHIJKLMNOPQRSTUVWXYZabcdefghijklmnopqrstuvwxyz0123456789
URWGaramondT

ABCDEFGHIJKLMNOPQRSTUVWXYZabcdefghijklmnopqrstuvwxyz0123456789
URWGaramondT Bold

ABCDEFGHIJKLMNOPQRSTUVWXYZabcdefghijklmnopqrstuvwxyz0123456789
URWGaramondT Bold Oblique

ABCDEFGHIJKLMNOPQRSTUVWXYZabcdefghijklmnopqrstuvwxyz0123456789
URWGaramondT Oblique

ABCDEFGHIJKLMNOPQRSTUVWXYZabcdefghijklmnopqrstuvwxyz0123456789
URWGaramondTDem

ABCDEFGHIJKLMNOPQRSTUVWXYZabcdefghijklmnopqrstuvwxyz0123456789
URWGaramondTDem Oblique

ABCDEFGHIJKLMNOPQRSTUVWXYZabcdefghijklmnopqrstuvwxyz0123456789
URWGaramondTDemExtNar

ABCDEFGHIJKLMNOPQRSTUVWXYZabcdefghijklmnopqrstuvwxyz0123456789
URWGaramondTDemExtNar Oblique

ABCDEFGHIJKLMNOPQRSTUVWXYZabcdefghijklmnopqrstuvwxyz0123456789
URWGaramondTDemExtWid

Clipart & Fonts

ABCDEFGHIJKLMNOPQRSTUVWXYZabcdefghijklmnopqrstuvwxyz0123456789
URWGaramondTDemExtWid Oblique

ABCDEFGHIJKLMNOPQRSTUVWXYZabcdefghijklmnopqrstuvwxyz0123456789
URWGaramondTDemNar

ABCDEFGHIJKLMNOPQRSTUVWXYZabcdefghijklmnopqrstuvwxyz0123456789
URWGaramondTDemNar Oblique

ABCDEFGHIJKLMNOPQRSTUVWXYZabcdefghijklmnopqrstuvwxyz0123456789
URWGaramondTDemWid

ABCDEFGHIJKLMNOPQRSTUVWXYZabcdefghijklmnopqrstuvwxyz0123456789
URWGaramondTDemWid Oblique

ABCDEFGHIJKLMNOPQRSTUVWXYZabcdefghijklmnopqrstuvwxyz0123456789
URWGaramondTExtBol

ABCDEFGHIJKLMNOPQRSTUVWXYZabcdefghijklmnopqrstuvwxyz0123456789
URWGaramondTExtBol Oblique

ABCDEFGHIJKLMNOPQRSTUVWXYZabcdefghijklmnopqrstuvwxyz0123456789
URWGaramondTExtBolExtNar

ABCDEFGHIJKLMNOPQRSTUVWXYZabcdefghijklmnopqrstuvwxyz0123456789
URWGaramondTExtBolExtNar Oblique

ABCDEFGHIJKLMNOPQRSTUVWXYZabcdefghijklmnopqrstuvwxy0123456789
URWGaramondTExtBolExtWid

ABCDEFGHIJKLMNOPQRSTUVWXYZabcdefghijklmnopqrstuvwxy0123456789
URWGaramondTExtBolExtWid Oblique

ABCDEFGHIJKLMNOPQRSTUVWXYZabcdefghijklmnopqrstuvwxyz0123456789
URWGaramondTExtBolNar

FreeHand

ABCDEFGHIJKLMNOPQRSTUVWXYZabcdefghijklmnopqrstuvwxyz0123456789
URWGaramondTExtBolNar Oblique

ABCDEFGHIJKLMNOPQRSTUVWXYZabcdefghijklmnopqrstuvwxyz0123456789
URWGaramondTExtBolWid

ABCDEFGHIJKLMNOPQRSTUVWXYZabcdefghijklmnopqrstuvwxyz0123456789
URWGaramondTExtBolWid Oblique

ABCDEFGHIJKLMNOPQRSTUVWXYZabcdefghijklmnopqrstuvwxyz0123456789
URWGaramondTExtNar

ABCDEFGHIJKLMNOPQRSTUVWXYZabcdefghijklmnopqrstuvwxyz0123456789
URWGaramondTExtNar Bold

ABCDEFGHIJKLMNOPQRSTUVWXYZabcdefghijklmnopqrstuvwxyz0123456789
URWGaramondTExtNar Bold Oblique

ABCDEFGHIJKLMNOPQRSTUVWXYZabcdefghijklmnopqrstuvwxyz0123456789
URWGaramondTExtNar Oblique

ABCDEFGHIJKLMNOPQRSTUVWXYZabcdefghijklmnopqrstuvwxyz0123456789
URWGaramondTExtWid

ABCDEFGHIJKLMNOPQRSTUVWXYZabcdefghijklmnopqrstuvwxyz0123456789
URWGaramondTExtWid Bold

ABCDEFGHIJKLMNOPQRSTUVWXYZabcdefghijklmnopqrstuvwxyz0123456789
URWGaramondTExtWid Bold Oblique

ABCDEFGHIJKLMNOPQRSTUVWXYZabcdefghijklmnopqrstuvwxyz0123456789
URWGaramondTExtWid Oblique

ABCDEFGHIJKLMNOPQRSTUVWXYZabcdefghijklmnopqrstuvwxyz0123456789
URWGaramondTMed

ABCDEFGHIJKLMNOPQRSTUVWXYZabcdefghijklmnopqrstuvwxyz0123456789
URWGaramondTMed Oblique

Clipart & Fonts

ABCDEFGHIJKLMNOPQRSTUVWXYZabcdefghijklmnopqrstuvwxyz0123456789
URWGaramondTMedExtNar

ABCDEFGHIJKLMNOPQRSTUVWXYZabcdefghijklmnopqrstuvwxyz0123456789
URWGaramondTMedExtNar Oblique

ABCDEFGHIJKLMNOPQRSTUVWXYZabcdefghijklmnopqrstuvwxyz0123456789
URWGaramondTMedExtWid

ABCDEFGHIJKLMNOPQRSTUVWXYZabcdefghijklmnopqrstuvwxyz0123456789
URWGaramondTMedExtWid Oblique

ABCDEFGHIJKLMNOPQRSTUVWXYZabcdefghijklmnopqrstuvwxyz0123456789
URWGaramondTMedNar

ABCDEFGHIJKLMNOPQRSTUVWXYZabcdefghijklmnopqrstuvwxyz0123456789
URWGaramondTMedNar Oblique

ABCDEFGHIJKLMNOPQRSTUVWXYZabcdefghijklmnopqrstuvwxyz0123456789
URWGaramondTMedWid

ABCDEFGHIJKLMNOPQRSTUVWXYZabcdefghijklmnopqrstuvwxyz0123456789
URWGaramondTMedWid Oblique

ABCDEFGHIJKLMNOPQRSTUVWXYZabcdefghijklmnopqrstuvwxyz0123456789
URWGaramondTNar

ABCDEFGHIJKLMNOPQRSTUVWXYZabcdefghijklmnopqrstuvwxyz0123456789
URWGaramondTNar Bold

ABCDEFGHIJKLMNOPQRSTUVWXYZabcdefghijklmnopqrstuvwxyz0123456789
URWGaramondTNar Bold Oblique

ABCDEFGHIJKLMNOPQRSTUVWXYZabcdefghijklmnopqrstuvwxyz0123456789
URWGaramondTNar Oblique

FreeHand

ABCDEFGHIJKLMNOPQRSTUVWXYZabcdefghijklmnopqrstuvwxyz0123456789
URWGaramondTWid

ABCDEFGHIJKLMNOPQRSTUVWXYZabcdefghijklmnopqrstuvwxyz0123456789
URWGaramondTWid Bold

ABCDEFGHIJKLMNOPQRSTUVWXYZabcdefghijklmnopqrstuvwxyz0123456789
URWGaramondTWid Bold Oblique

ABCDEFGHIJKLMNOPQRSTUVWXYZabcdefghijklmnopqrstuvwxyz0123456789
URWGaramondTWid Oblique

Bodoni

ABCDEFGHIJKLMNOPQRSTUVWXYZabcdefghijklmnopq0123456789
URWBodoniDExtBol

ABCDEFGHIJKLMNOPQRSTUVWXYZabcdefghijklmnopq0123456789
URWBodoniDExtBol Oblique

ABCDEFGHIJKLMNOPQRSTUVWXYZabcdefghijklmnopqrstuvwx0123456789
URWBodoniDExtBolExtNar

ABCDEFGHIJKLMNOPQRSTUVWXYZabcdefghijklmnopqrstuvwx0123456789
URWBodoniDExtBolExtNar Oblique

ABCDEFGHIJKLMNOPQRSTUVWXYZabcdefghijklm0123456789
URWBodoniDExtBolExtWid

ABCDEFGHIJKLMNOPQRSTUVWXYZabcdefghijkl0123456789
URWBodoniDExtBolExtWid Oblique

ABCDEFGHIJKLMNOPQRSTUVWXYZabcdefghijklmnopqrstu0123456789
URWBodoniDExtBolNar

Clipart & Fonts

ABCDEFGHIJKLMNOPQRSTUVWXYZabcdefghijklmnopqrstu0123456789
URWBodoniD ExtBolNar Oblique

ABCDEFGHIJKLMNOPQRSTUVWXYZabcdefghijklmn0123456789
URWBodoniD ExtBolWid

ABCDEFGHIJKLMNOPQRSTUVWXYZabcdefghijklmn0123456789
URWBodoniD ExtBolWid Oblique

ABCDEFGHIJKLMNOPQRSTUVWXYZabcdefghijklmnopqrstuvwxyz0123456789
URWBodoniT

ABCDEFGHIJKLMNOPQRSTUVWXYZabcdefghijklmnopqrstuvw0123456789
URWBodoniT Bold

ABCDEFGHIJKLMNOPQRSTUVWXYZabcdefghijklmnopqrstuvwx0123456789
URWBodoniT Bold Oblique

ABCDEFGHIJKLMNOPQRSTUVWXYZabcdefghijklmnopqrstuvwxyz0123456789
URWBodoniT Oblique

ABCDEFGHIJKLMNOPQRSTUVWXYZabcdefghijklmnopqrstuvwxyz0123456789
URWBodoniTExtNar

ABCDEFGHIJKLMNOPQRSTUVWXYZabcdefghijklmnopqrstuvwxyz0123456789
URWBodoniTExtNar Bold

ABCDEFGHIJKLMNOPQRSTUVWXYZabcdefghijklmnopqrstuvwxyz0123456789
URWBodoniTExtNar Bold Oblique

ABCDEFGHIJKLMNOPQRSTUVWXYZabcdefghijklmnopqrstuvwxyz0123456789
URWBodoniTExtNar Oblique

ABCDEFGHIJKLMNOPQRSTUVWXYZabcdefghijklmnopqrstuvwxyz0123456789
URWBodoniTExtWid

FreeHand

ABCDEFGHIJKLMNOPQRSTUVWXYZabcdefghijklmnopq0123456789
URWBodoniTExtWid Bold

ABCDEFGHIJKLMNOPQRSTUVWXYZabcdefghijklmnopq0123456789
URWBodoniTExtWid Bold Oblique

ABCDEFGHIJKLMNOPQRSTUVWXYZabcdefghijklmnopqrstuvwxyz0123456789
URWBodoniTExtWid Oblique

ABCDEFGHIJKLMNOPQRSTUVWXYZabcdefghijklmnopqrstuvwxyz0123456789
URWBodoniTLig

ABCDEFGHIJKLMNOPQRSTUVWXYZabcdefghijklmnopqrstuvwxyz0123456789
URWBodoniTLig Oblique

ABCDEFGHIJKLMNOPQRSTUVWXYZabcdefghijklmnopqrstuvwxyz0123456789
URWBodoniTLigExtNar

ABCDEFGHIJKLMNOPQRSTUVWXYZabcdefghijklmnopqrstuvwxyz0123456789
URWBodoniTLigExtNar Oblique

ABCDEFGHIJKLMNOPQRSTUVWXYZabcdefghijklmnopqrstuvwxyz0123456789
URWBodoniTLigExtWid

ABCDEFGHIJKLMNOPQRSTUVWXYZabcdefghijklmnopqrstuvwxyz0123456789
URWBodoniTLigExtWid Oblique

ABCDEFGHIJKLMNOPQRSTUVWXYZabcdefghijklmnopqrstuvwxyz0123456789
URWBodoniTLigNar

ABCDEFGHIJKLMNOPQRSTUVWXYZabcdefghijklmnopqrstuvwxyz0123456789
URWBodoniTLigNar Oblique

ABCDEFGHIJKLMNOPQRSTUVWXYZabcdefghijklmnopqrstuvwxyz0123456789
URWBodoniTLigWid

ABCDEFGHIJKLMNOPQRSTUVWXYZabcdefghijklmnopqrstuvwxyz0123456789
URWBodoniTLigWid Oblique

CLIPART & FONTS

ABCDEFGHIJKLMNOPQRSTUVWXYZabcdefghijklmnopqrstuvwxyz0123456789
URWBodoniTMed

ABCDEFGHIJKLMNOPQRSTUVWXYZabcdefghijklmnopqrstuvwxyz0123456789
URWBodoniTMed Oblique

ABCDEFGHIJKLMNOPQRSTUVWXYZabcdefghijklmnopqrstuvwxyz0123456789
URWBodoniTMedExtNar

ABCDEFGHIJKLMNOPQRSTUVWXYZabcdefghijklmnopqrstuvwxyz0123456789
URWBodoniTMedExtNar Oblique

ABCDEFGHIJKLMNOPQRSTUVWXYZabcdefghijklmnopqrstuvwxyz0123456789
URWBodoniTMedExtWid

ABCDEFGHIJKLMNOPQRSTUVWXYZabcdefghijklmnopqrstuvwxyz0123456789
URWBodoniTMedExtWid Oblique

ABCDEFGHIJKLMNOPQRSTUVWXYZabcdefghijklmnopqrstuvwxyz0123456789
URWBodoniTMedNar

ABCDEFGHIJKLMNOPQRSTUVWXYZabcdefghijklmnopqrstuvwxyz0123456789
URWBodoniTMedNar Oblique

ABCDEFGHIJKLMNOPQRSTUVWXYZabcdefghijklmnopqrstuvwxyz0123456789
URWBodoniTMedWid

ABCDEFGHIJKLMNOPQRSTUVWXYZabcdefghijklmnopqrstuvwxyz0123456789
URWBodoniTMedWid Oblique

ABCDEFGHIJKLMNOPQRSTUVWXYZabcdefghijklmnopqrstuvwxyz0123456789
URWBodoniTNar

ABCDEFGHIJKLMNOPQRSTUVWXYZabcdefghijklmnopqrstuvwxyz0123456789
URWBodoniTNar Bold

FreeHand

ABCDEFGHIJKLMNOPQRSTUVWXYZabcdefghijklmnopqrstuvwxyz0123456789
URWBodoniTNar Bold Oblique

ABCDEFGHIJKLMNOPQRSTUVWXYZabcdefghijklmnopqrstuvwxyz0123456789
URWBodoniTNar Oblique

ABCDEFGHIJKLMNOPQRSTUVWXYZabcdefghijklmnopqrstuvwxyz0123456789
URWBodoniTWid

ABCDEFGHIJKLMNOPQRSTUVWXYZabcdefghijklmnopqrstu0123456789
URWBodoniTWid Bold

ABCDEFGHIJKLMNOPQRSTUVWXYZabcdefghijklmnopqrstu0123456789
URWBodoniTWid Bold Oblique

ABCDEFGHIJKLMNOPQRSTUVWXYZabcdefghijklmnopqrstuvwxyz0123456789
URWBodoniTWid Oblique

Baskerville

ABCDEFGHIJKLMNOPQRSTUVWXYZabcdefghijklmnopqrstuvwxyz0123456789
URWBaskerT

ABCDEFGHIJKLMNOPQRSTUVWXYZabcdefghijklmnopqrstuvwxyz0123456789
URWBaskerT Bold

ABCDEFGHIJKLMNOPQRSTUVWXYZabcdefghijklmnopqrstuvwxyz0123456789
URWBaskerT Bold Oblique

ABCDEFGHIJKLMNOPQRSTUVWXYZabcdefghijklmnopqrstuvwxyz0123456789
URWBaskerT Oblique

ABCDEFGHIJKLMNOPQRSTUVWXYZabcdefghijklmnopqrstuvwx0123456789
URWBaskerTExtBol

Clipart & Fonts

ABCDEFGHIJKLMNOPQRSTUVWXYZabcdefghijklmnopqrstuvwxy0123456789
URWBaskerTExtBol Oblique

ABCDEFGHIJKLMNOPQRSTUVWXYZabcdefghijklmnopqrstuvwxyz0123456789
URWBaskerTExtBolExtNar

ABCDEFGHIJKLMNOPQRSTUVWXYZabcdefghijklmnopqrstuvwxyz0123456789
URWBaskerTExtBolExtNar Oblique

ABCDEFGHIJKLMNOPQRSTUVWXYZabcdefghijklmnopqr0123456789
URWBaskerTExtBolExtWid

ABCDEFGHIJKLMNOPQRSTUVWXYZabcdefghijklmnopqr0123456789
URWBaskerTExtBolExtWid Oblique

ABCDEFGHIJKLMNOPQRSTUVWXYZabcdefghijklmnopqrstuvwxyz0123456789
URWBaskerTExtBolNar

ABCDEFGHIJKLMNOPQRSTUVWXYZabcdefghijklmnopqrstuvwxyz0123456789
URWBaskerTExtBolNar Oblique

ABCDEFGHIJKLMNOPQRSTUVWXYZabcdefghijklmnopqrstuv0123456789
URWBaskerTExtBolWid

ABCDEFGHIJKLMNOPQRSTUVWXYZabcdefghijklmnopqrstuv0123456789
URWBaskerTExtBolWid Oblique

ABCDEFGHIJKLMNOPQRSTUVWXYZabcdefghijklmnopqrstuvwxyz0123456789
URWBaskerTExtNar

ABCDEFGHIJKLMNOPQRSTUVWXYZabcdefghijklmnopqrstuvwxyz0123456789
URWBaskerTExtNar Bold

ABCDEFGHIJKLMNOPQRSTUVWXYZabcdefghijklmnopqrstuvwxyz0123456789
URWBaskerTExtNar Bold Oblique

FreeHand

ABCDEFGHIJKLMNOPQRSTUVWXYZabcdefghijklmnopqrstuvwxyz0123456789
URWBaskerTExtNar Oblique

ABCDEFGHIJKLMNOPQRSTUVWXYZabcdefghijklmnopqrstuvwx0123456789
URWBaskerTExtWid

ABCDEFGHIJKLMNOPQRSTUVWXYZabcdefghijklmnopqrst0123456789
URWBaskerTExtWid Bold

ABCDEFGHIJKLMNOPQRSTUVWXYZabcdefghijklmnopqrst0123456789
URWBaskerTExtWid Bold Oblique

ABCDEFGHIJKLMNOPQRSTUVWXYZabcdefghijklmnopqrstuvwx0123456789
URWBaskerTExtWid Oblique

ABCDEFGHIJKLMNOPQRSTUVWXYZabcdefghijklmnopqrstuvwxyz0123456789
URWBaskerTMed

ABCDEFGHIJKLMNOPQRSTUVWXYZabcdefghijklmnopqrstuvwxyz0123456789
URWBaskerTMed Oblique

ABCDEFGHIJKLMNOPQRSTUVWXYZabcdefghijklmnopqrstuvwxyz0123456789
URWBaskerTMedExtNar

ABCDEFGHIJKLMNOPQRSTUVWXYZabcdefghijklmnopqrstuvwxyz0123456789
URWBaskerTMedExtNar Oblique

ABCDEFGHIJKLMNOPQRSTUVWXYZabcdefghijklmnopqrstuv0123456789
URWBaskerTMedExtWid

ABCDEFGHIJKLMNOPQRSTUVWXYZabcdefghijklmnopqrstuv0123456789
URWBaskerTMedExtWid Oblique

ABCDEFGHIJKLMNOPQRSTUVWXYZabcdefghijklmnopqrstuvwxyz0123456789
URWBaskerTMedNar

CLIPART & FONTS

ABCDEFGHIJKLMNOPQRSTUVWXYZabcdefghijklmnopqrstuvwxyz0123456789
URWBaskerTMedNar Oblique

ABCDEFGHIJKLMNOPQRSTUVWXYZabcdefghijklmnopqrstuvwxy0123456789
URWBaskerTMedWid

ABCDEFGHIJKLMNOPQRSTUVWXYZabcdefghijklmnopqrstuvwxy0123456789
URWBaskerTMedWid Oblique

ABCDEFGHIJKLMNOPQRSTUVWXYZabcdefghijklmnopqrstuvwxyz0123456789
URWBaskerTNar

ABCDEFGHIJKLMNOPQRSTUVWXYZabcdefghijklmnopqrstuvwxyz0123456789
URWBaskerTNar Bold

ABCDEFGHIJKLMNOPQRSTUVWXYZabcdefghijklmnopqrstuvwxyz0123456789
URWBaskerTNar Bold Oblique

ABCDEFGHIJKLMNOPQRSTUVWXYZabcdefghijklmnopqrstuvwxyz0123456789
URWBaskerTNar Oblique

ABCDEFGHIJKLMNOPQRSTUVWXYZabcdefghijklmnopqrstuvw0123456789
URWBaskerTUltBol

ABCDEFGHIJKLMNOPQRSTUVWXYZabcdefghijklmnopqrstuvw0123456789
URWBaskerTUltBol Oblique

ABCDEFGHIJKLMNOPQRSTUVWXYZabcdefghijklmnopqrstuvwxyz0123456789
URWBaskerTUltBolExtNar

ABCDEFGHIJKLMNOPQRSTUVWXYZabcdefghijklmnopqrstuvwxyz0123456789
URWBaskerTUltBolExtNar Oblique

ABCDEFGHIJKLMNOPQRSTUVWXYZabcdefghijklmnopq0123456789
URWBaskerTUltBolExtWid

FreeHand

ABCDEFGHIJKLMNOPQRSTUVWXYZabcdefghijklmnopq0123456789
URWBaskerTUltBolExtWid Oblique

ABCDEFGHIJKLMNOPQRSTUVWXYZabcdefghijklmnopqrstuvwxyz0123456789
URWBaskerTUltBolNar

ABCDEFGHIJKLMNOPQRSTUVWXYZabcdefghijklmnopqrstuvwxyz0123456789
URWBaskerTUltBolNar Oblique

ABCDEFGHIJKLMNOPQRSTUVWXYZabcdefghijklmnopqrst0123456789
URWBaskerTUltBolWid

ABCDEFGHIJKLMNOPQRSTUVWXYZabcdefghijklmnopqrst0123456789
URWBaskerTUltBolWid Oblique

ABCDEFGHIJKLMNOPQRSTUVWXYZabcdefghijklmnopqrstuvwxyz0123456789
URWBaskerTWid

ABCDEFGHIJKLMNOPQRSTUVWXYZabcdefghijklmnopqrstuvw0123456789
URWBaskerTWid Bold

ABCDEFGHIJKLMNOPQRSTUVWXYZabcdefghijklmnopqrstuvw0123456789
URWBaskerTWid Bold Oblique

ABCDEFGHIJKLMNOPQRSTUVWXYZabcdefghijklmnopqrstuvwxyz0123456789
URWBaskerTWid Oblique

Egyptienne

ABCDEFGHIJKLMNOPQRSTUVWXYZabcdefghijklmnopqrstuvwxyz0123456789
URWEgyptienneT

ABCDEFGHIJKLMNOPQRSTUVWXYZabcdefghijklmnopqrstuv0123456789
URWEgyptienneT Bold

Clipart & Fonts

ABCDEFGHIJKLMNOPQRSTUVWXYZabcdefghijklmnopqrstuv0123456789
URWEgyptienneT Bold Oblique

ABCDEFGHIJKLMNOPQRSTUVWXYZabcdefghijklmnopqrstuvwxyz0123456789
URWEgyptienneT Oblique

ABCDEFGHIJKLMNOPQRSTUVWXYZabcdefghijklmnopqrstuvwxyz0123456789
URWEgyptienneTExtLig

ABCDEFGHIJKLMNOPQRSTUVWXYZabcdefghijklmnopqrstuvwxyz0123456789
URWEgyptienneTExtLig Oblique

ABCDEFGHIJKLMNOPQRSTUVWXYZabcdefghijklmnopqrstuvwxyz0123456789
URWEgyptienneTExtLigExtNar

ABCDEFGHIJKLMNOPQRSTUVWXYZabcdefghijklmnopqrstuvwxyz0123456789
URWEgyptienneTExtLigExtNar Oblique

ABCDEFGHIJKLMNOPQRSTUVWXYZabcdefghijklmnopqrstuvwxy0123456789
URWEgyptienneTExtLigExtWid

ABCDEFGHIJKLMNOPQRSTUVWXYZabcdefghijklmnopqrstuvwxy0123456789
URWEgyptienneTExtLigExtWid Oblique

ABCDEFGHIJKLMNOPQRSTUVWXYZabcdefghijklmnopqrstuvwxyz0123456789
URWEgyptienneTExtLigNar

ABCDEFGHIJKLMNOPQRSTUVWXYZabcdefghijklmnopqrstuvwxyz0123456789
URWEgyptienneTExtLigNar Oblique

ABCDEFGHIJKLMNOPQRSTUVWXYZabcdefghijklmnopqrstuvwxyz0123456789
URWEgyptienneTExtLigWid

ABCDEFGHIJKLMNOPQRSTUVWXYZabcdefghijklmnopqrstuvwxyz0123456789
URWEgyptienneTExtLigWid Oblique

ABCDEFGHIJKLMNOPQRSTUVWXYZabcdefghijklmnopqrstuvwxyz0123456789
URWEgyptienneTExtNar

FreeHand

ABCDEFGHIJKLMNOPQRSTUVWXYZabcdefghijklmnopqrstuvwxyz0123456789
URWEgyptienneTExtNar Bold

ABCDEFGHIJKLMNOPQRSTUVWXYZabcdefghijklmnopqrstuvwxyz0123456789
URWEgyptienneTExtNar Bold Oblique

ABCDEFGHIJKLMNOPQRSTUVWXYZabcdefghijklmnopqrstuvwxyz0123456789
URWEgyptienneTExtNar Oblique

ABCDEFGHIJKLMNOPQRSTUVWXYZabcdefghijklmnopqrstu0123456789
URWEgyptienneTExtWid

ABCDEFGHIJKLMNOPQRSTUVWXYZabcdefghijklmno0123456789
URWEgyptienneTExtWid Bold

ABCDEFGHIJKLMNOPQRSTUVWXYZabcdefghijklmno0123456789
URWEgyptienneTExtWid Bold Oblique

ABCDEFGHIJKLMNOPQRSTUVWXYZabcdefghijklmnopqrstu0123456789
URWEgyptienneTExtWid Oblique

ABCDEFGHIJKLMNOPQRSTUVWXYZabcdefghijklmnopqrstuvwxyz0123456789
URWEgyptienneTLig

ABCDEFGHIJKLMNOPQRSTUVWXYZabcdefghijklmnopqrstuvwxyz0123456789
URWEgyptienneTLig Oblique

ABCDEFGHIJKLMNOPQRSTUVWXYZabcdefghijklmnopqrstuvwxyz0123456789
URWEgyptienneTLigExtNar

ABCDEFGHIJKLMNOPQRSTUVWXYZabcdefghijklmnopqrstuvwxyz0123456789
URWEgyptienneTLigExtNar Oblique

ABCDEFGHIJKLMNOPQRSTUVWXYZabcdefghijklmnopqrstuvwxy0123456789
URWEgyptienneTLigExtWid

Clipart & Fonts

ABCDEFGHIJKLMNOPQRSTUVWXYZabcdefghijklmnopqrstuv0123456789
URWEgyptienneTLigExtWid Oblique

ABCDEFGHIJKLMNOPQRSTUVWXYZabcdefghijklmnopqrstuvwxyz0123456789
URWEgyptienneTLigNar

ABCDEFGHIJKLMNOPQRSTUVWXYZabcdefghijklmnopqrstuvwxyz0123456789
URWEgyptienneTLigNar Oblique

ABCDEFGHIJKLMNOPQRSTUVWXYZabcdefghijklmnopqrstuvwx0123456789
URWEgyptienneTLigWid

ABCDEFGHIJKLMNOPQRSTUVWXYZabcdefghijklmnopqrstuvwxy0123456789
URWEgyptienneTLigWid Oblique

ABCDEFGHIJKLMNOPQRSTUVWXYZabcdefghijklmnopqrstuvw0123456789
URWEgyptienneTMed

ABCDEFGHIJKLMNOPQRSTUVWXYZabcdefghijklmnopqrstuvw0123456789
URWEgyptienneTMed Oblique

ABCDEFGHIJKLMNOPQRSTUVWXYZabcdefghijklmnopqrstuvwxyz0123456789
URWEgyptienneTMedExtNar

ABCDEFGHIJKLMNOPQRSTUVWXYZabcdefghijklmnopqrstuvwxyz0123456789
URWEgyptienneTMedExtNar Oblique

ABCDEFGHIJKLMNOPQRSTUVWXYZabcdefghijklmnopq0123456789
URWEgyptienneTMedExtWid

ABCDEFGHIJKLMNOPQRSTUVWXYZabcdefghijklmnopqr0123456789
URWEgyptienneTMedExtWid Oblique

ABCDEFGHIJKLMNOPQRSTUVWXYZabcdefghijklmnopqrstuvwxyz0123456789
URWEgyptienneTMedNar

ABCDEFGHIJKLMNOPQRSTUVWXYZabcdefghijklmnopqrstuvwxyz0123456789
URWEgyptienneTMedNar Oblique

FreeHand

ABCDEFGHIJKLMNOPQRSTUVWXYZabcdefghijklmnopqrstu0123456789
URWEgyptienneTMedWid

ABCDEFGHIJKLMNOPQRSTUVWXYZabcdefghijklmnopqrstu0123456789
URWEgyptienneTMedWid Oblique

ABCDEFGHIJKLMNOPQRSTUVWXYZabcdefghijklmnopqrstuvwxyz0123456789
URWEgyptienneTNar

ABCDEFGHIJKLMNOPQRSTUVWXYZabcdefghijklmnopqrstuvwx0123456789
URWEgyptienneTNar Bold

ABCDEFGHIJKLMNOPQRSTUVWXYZabcdefghijklmnopqrstuvwx0123456789
URWEgyptienneTNar Bold Oblique

ABCDEFGHIJKLMNOPQRSTUVWXYZabcdefghijklmnopqrstuvwxyz0123456789
URWEgyptienneTNar Oblique

ABCDEFGHIJKLMNOPQRSTUVWXYZabcdefghijklmnopqrstuvw0123456789
URWEgyptienneTWid

ABCDEFGHIJKLMNOPQRSTUVWXYZabcdefghijklmnopqr0123456789
URWEgyptienneTWid Bold

ABCDEFGHIJKLMNOPQRSTUVWXYZabcdefghijklmnopqr0123456789
URWEgyptienneTWid Bold Oblique

ABCDEFGHIJKLMNOPQRSTUVWXYZabcdefghijklmnopqrstuv0123456789
URWEgyptienneTWid Oblique

CLIPART & FONTS

Grotesk

ABCDEFGHIJKLMNOPQRSTUVWXYZabcdefghijklmnopqrstuvwxyz0123456789
URWGroteskT

ABCDEFGHIJKLMNOPQRSTUVWXYZabcdefghijklmnopqrstuvwxy0123456789
URWGroteskT Bold

ABCDEFGHIJKLMNOPQRSTUVWXYZabcdefghijklmnopqrstuvwxy0123456789
URWGroteskT Bold Oblique

ABCDEFGHIJKLMNOPQRSTUVWXYZabcdefghijklmnopqrstuvwxyz0123456789
URWGroteskT Oblique

ABCDEFGHIJKLMNOPQRSTUVWXYZabcdefghijklmnopqrstuvwxyz0123456789
URWGroteskTExtLig

ABCDEFGHIJKLMNOPQRSTUVWXYZabcdefghijklmnopqrstuvwxyz0123456789
URWGroteskTExtLig Oblique

ABCDEFGHIJKLMNOPQRSTUVWXYZabcdefghijklmnopqrstuvwxyz0123456789
URWGroteskTExtLigExtNar

ABCDEFGHIJKLMNOPQRSTUVWXYZabcdefghijklmnopqrstuvwxyz0123456789
URWGroteskTExtLigExtNar Oblique

ABCDEFGHIJKLMNOPQRSTUVWXYZabcdefghijklmnopqrstuvwxyz0123456789
URWGroteskTExtLigExtWid

ABCDEFGHIJKLMNOPQRSTUVWXYZabcdefghijklmnopqrstuvwxyz0123456789
URWGroteskTExtLigExtWid Oblique

ABCDEFGHIJKLMNOPQRSTUVWXYZabcdefghijklmnopqrstuvwxyz0123456789
URWGroteskTExtLigNar

FreeHand

ABCDEFGHIJKLMNOPQRSTUVWXYZabcdefghijklmnopqrstuvwxyz0123456789
URWGroteskTExtLigNar Oblique

ABCDEFGHIJKLMNOPQRSTUVWXYZabcdefghijklmnopqrstuvwxyz0123456789
URWGroteskTExtLigWid

ABCDEFGHIJKLMNOPQRSTUVWXYZabcdefghijklmnopqrstuvwxyz0123456789
URWGroteskTExtLigWid Oblique

ABCDEFGHIJKLMNOPQRSTUVWXYZabcdefghijklmnopqrstuvwxyz0123456789
URWGroteskTExtNar

ABCDEFGHIJKLMNOPQRSTUVWXYZabcdefghijklmnopqrstuvwxyz0123456789
URWGroteskTExtNar Bold

ABCDEFGHIJKLMNOPQRSTUVWXYZabcdefghijklmnopqrstuvwxyz0123456789
URWGroteskTExtNar Bold Oblique

ABCDEFGHIJKLMNOPQRSTUVWXYZabcdefghijklmnopqrstuvwxyz0123456789
URWGroteskTExtNar Oblique

ABCDEFGHIJKLMNOPQRSTUVWXYZabcdefghijklmnopqrstuvwxyz0123456789
URWGroteskTExtWid

ABCDEFGHIJKLMNOPQRSTUVWXYZabcdefghijklmnopqr0123456789
URWGroteskTExtWid Bold

ABCDEFGHIJKLMNOPQRSTUVWXYZabcdefghijklmnopqrs0123456789
URWGroteskTExtWid Bold Oblique

ABCDEFGHIJKLMNOPQRSTUVWXYZabcdefghijklmnopqrstuvwxyz0123456789
URWGroteskTExtWid Oblique

ABCDEFGHIJKLMNOPQRSTUVWXYZabcdefghijklmnopqrstuvwxyz0123456789
URWGroteskTLig

Clipart & Fonts

ABCDEFGHIJKLMNOPQRSTUVWXYZabcdefghijklmnopqrstuvwxyz0123456789
URWGroteskTLig Oblique

ABCDEFGHIJKLMNOPQRSTUVWXYZabcdefghijklmnopqrstuvwxyz0123456789
URWGroteskTLigExtNar

ABCDEFGHIJKLMNOPQRSTUVWXYZabcdefghijklmnopqrstuvwxyz0123456789
URWGroteskTLigExtNar Oblique

ABCDEFGHIJKLMNOPQRSTUVWXYZabcdefghijklmnopqrstuvwxyz0123456789
URWGroteskTLigExtWid

ABCDEFGHIJKLMNOPQRSTUVWXYZabcdefghijklmnopqrstuvwxyz0123456789
URWGroteskTLigExtWid Oblique

ABCDEFGHIJKLMNOPQRSTUVWXYZabcdefghijklmnopqrstuvwxyz0123456789
URWGroteskTLigNar

ABCDEFGHIJKLMNOPQRSTUVWXYZabcdefghijklmnopqrstuvwxyz0123456789
URWGroteskTLigNar Oblique

ABCDEFGHIJKLMNOPQRSTUVWXYZabcdefghijklmnopqrstuvwxyz0123456789
URWGroteskTLigWid

ABCDEFGHIJKLMNOPQRSTUVWXYZabcdefghijklmnopqrstuvwxyz0123456789
URWGroteskTLigWid Oblique

ABCDEFGHIJKLMNOPQRSTUVWXYZabcdefghijklmnopqrstuvwxyz0123456789
URWGroteskTMed

ABCDEFGHIJKLMNOPQRSTUVWXYZabcdefghijklmnopqrstuvwxyz0123456789
URWGroteskTMed Oblique

ABCDEFGHIJKLMNOPQRSTUVWXYZabcdefghijklmnopqrstuvwxyz0123456789
URWGroteskTMedExtNar

ABCDEFGHIJKLMNOPQRSTUVWXYZabcdefghijklmnopqrstuvwxyz0123456789
URWGroteskTMedExtNar Oblique

FreeHand

ABCDEFGHIJKLMNOPQRSTUVWXYZabcdefghijklmnopqrstuv0123456789
URWGroteskTMedExtWid

ABCDEFGHIJKLMNOPQRSTUVWXYZabcdefghijklmnopqrstuv0123456789
URWGroteskTMedExtWid Oblique

ABCDEFGHIJKLMNOPQRSTUVWXYZabcdefghijklmnopqrstuvwxyz0123456789
URWGroteskTMedNar

ABCDEFGHIJKLMNOPQRSTUVWXYZabcdefghijklmnopqrstuvwxyz0123456789
URWGroteskTMedNar Oblique

ABCDEFGHIJKLMNOPQRSTUVWXYZabcdefghijklmnopqrstuvwxyz0123456789
URWGroteskTMedWid

ABCDEFGHIJKLMNOPQRSTUVWXYZabcdefghijklmnopqrstuvwxyz0123456789
URWGroteskTMedWid Oblique

ABCDEFGHIJKLMNOPQRSTUVWXYZabcdefghijklmnopqrstuvwxyz0123456789
URWGroteskTNar

ABCDEFGHIJKLMNOPQRSTUVWXYZabcdefghijklmnopqrstuvwxyz0123456789
URWGroteskTNar Bold

ABCDEFGHIJKLMNOPQRSTUVWXYZabcdefghijklmnopqrstuvwxyz0123456789
URWGroteskTNar Bold Oblique

ABCDEFGHIJKLMNOPQRSTUVWXYZabcdefghijklmnopqrstuvwxyz0123456789
URWGroteskTNar Oblique

ABCDEFGHIJKLMNOPQRSTUVWXYZabcdefghijklmnopqrstuvwxyz0123456789
URWGroteskTWid

ABCDEFGHIJKLMNOPQRSTUVWXYZabcdefghijklmnopqrstuv0123456789
URWGroteskTWid Bold

Clipart & Fonts

ABCDEFGHIJKLMNOPQRSTUVWXYZabcdefghijklmnopqrstuv0123456789
URWGrotexkTWid Bold Oblique

ABCDEFGHIJKLMNOPQRSTUVWXYZabcdefghijklmnopqrstuvwxyz0123456789
URWGrotexkTWid Oblique

A

abcdefghijklmnopqrstuvwxyzABCDEFGHIJKLMNOPQRSTUV0123456789
American Uncial

ABCDEFGHIJKLMNOPQRSTUVWXYZabcdefghijklmnopqrst0123456789
American Unciale Initials

ABCDEFGHIJKLMNOPQRSTUVWX75YZabcdefghijklmnopqrstuvwxyz0123456789
Antique Olive light

ABCDEFGHIJKLMNOPQRSTUVWXYZabcdefghijklmnopqrstuvwxyz0123456789
Antique Olive regular

ABCDEFGHIJKLMNOPQRSTUVWXYZabcdefghijklmnopqrstuvwxyz0123456789
Antique Olive medium

ABCDEFGHIJKLMNOPQRSTUVWXYZabcdefghijklmnopqrstuvwxyz0123456789
Antique Olive bold

ABCDEFGHIJKLMNOPQRSTUVWXYZabcdefghijklmnopqrst0123456789
Antique Olive compact

ABCDEFGHIJKLMNOPQRSTUVWXYZabcdefghijklmnopqrstuvwxyz0123456789
Antique Olive regular italic

ABCDEFGHIJKLMNOPQRSTUVWXYZabcdefghijklmnopqrs0123456789
Antique Olive compact italic

217

FreeHand

ABCDEFGHIJKLMNOPQRSTUVWXYZabcdefghijklmnopqrstuvwxyz0123456789
Antique Olive regular condensed

ABCDEFGHIJKLMNOPQRSTUVWXYZabcdefghijklmnopqrstuvwxyz0123456789
Antique Olive bold condensed

ABCDEFGHIJKLMNOPQRSTUVWXYZabcdefghi0123456789
Antique Olive Nord Poster

ABCDEFGHIJKLMNOPQRSTUVWXYZabcdefghi0123456789
Antique Olive N.P. Outline

ABCDEFGHIJKLMNOPQRSTUVWXYZabcdefghijklmnopqrstuvwxyz0123456789
Arab Brushstroke

B

ABCDEFGHIJKLMNOPQRSTUVWXYZABCDEFGHIJKLMNOPQRSTUVWXYZ0123456789
Balloon Extra Bold

ABCDEFGHIJKLMNOPQRSTUVWXYZabcdefghijklmnopqrstuvwxyz0123456789
Bank Script

ABCDEFGHIJKLMNOPQRSTUVWXYZabcdefghijklmnopqrstuvwxyz0123456789
Barbedor regular

ABCDEFGHIJKLMNOPQRSTUVWXYZabcdefghijklmnopqrstuvwxyz0123456789
Barbedor medium

ABCDEFGHIJKLMNOPQRSTUVWXYZabcdefghijklmnopqrstuvwxyz0123456789
Barbedor bold

ABCDEFGHIJKLMNOPQRSTUVWXYZabcdefghijklmnopqrstuvwxyz0123456789
Barbedor heavy

Clipart & Fonts

ABCDEFGHIJKLMNOPQRSTUVWXYZabcdefghijklmnopqrstuvwxyz0123456789
Barbedor regular italic

ABCDEFGHIJKLMNOPQRSTUVWXYZabcdefghijklmnopqrstuvwxyz0123456789
Barbedor medium italic

ABCDEFGHIJKLMNOPQRSTUVWXYZabcdefghijklmnopqrstuvwxyz0123456789
Barbedor bold italic

ABCDEFGHIJKLMNOPQRSTUVWXYZabcdefghijklmnopqrstuvwxyz0123456789
Barbedor heavy italic

ABCDEFGHIJKLMNOPQRSTUVWXYZabcdefghijklmnopqrst0123456789
Baskerville Old Face DisCaps

ABCDEFGHIJKLMNOPQRSTUVWXYZabcdefghijklmnopqrstuvwxyz0123456789
Baskerville Old Face Small Caps

ABCDEFGHIJKLMNOPQRSTUVWXYZabcdefghijklmnopqrstuvwxyz0123456789
Berliner Grotesk light

ABCDEFGHIJKLMNOPQRSTUVWXYZabcdefghijklmnopqrstuvwxyz0123456789
Berliner Grotesk demi-bold

ABCDEFGHIJKLMNOPQRSTUVWXYZabcdefghijklmnopqrstuvwxyz0123456789
Blizzard

ABCDEFGHIJKLMNOPQRSTUVWXYZabcdefghijklmnopqrstuvwxyz0123456789
Block Reg Extra Cond

ABCDEFGHIJKLMNOPQRSTUVWXYZabcdefghijklmnopqrstuvwxyz0123456789
Block Heavy

ABCDEFGHIJKLMNOPQRSTUVWXYZabcdefghijklmnopqrstuvwxyz0123456789
Block Reg

FreeHand

ABCDEFGHIJKLMNOPQRSTUVWXYZabcdefghijklmnopqrstuvwxyz0123456789
Block Reg Cond

ABCDEFGHIJKLMNOPQRSTUVWXYZabcdefghijklmnopqrstuvwxyz0123456789
Block Reg Italic

ABCDEFGHIJKLMNOPQRSTUVWXYZabcdefghijklmnopqrstuvwxyz0123456789
Bodoni Antiqua Small Caps Regular

ABCDEFGHIJKLMNOPQRSTUVWXYZabcdefghijklmnopqrstuvwxyz0123456789
Bodoni Antiqua Small Caps Regular Bold

ABCDEFGHIJKLMNOPQRSTUVWXYZabcdefghijklmnopqrstuvwxyz0123456789
Bodoni Antiqua Small Caps Light

ABCDEFGHIJKLMNOPQRSTUVWXYZabcdefghijklmnopqrstuvwxyz0123456789
Bodoni Antiqua Small Caps Light Bold

ABCDEFGHIJKLMNOPQRSTUVWXYZabcdefghijklmnopqrstuvwxyz0123456789
Britannic Extra Light

ABCDEFGHIJKLMNOPQRSTUVWXYZabcdefghijklmnopqrstuvwxyz0123456789
Britannic Ultra

ABCDEFGHIJKLMNOPQRSTUVWXYZabcdefghijklmnopqrstuvwxyz0123456789
Britannic Bold

ABCDEFGHIJKLMNOPQRSTUVWXYZabcdefghijklmnopqrstuvwxyz0123456789
Britannic Light

ABCDEFGHIJKLMNOPQRSTUVWXYZabcdefghijklmnopqrstuvwxyz0123456789
Britannic Med

ABCDEFGHIJKLMNOPQRSTUVWXYZabcdefghijklmnopqrstuvwxyz0123456789
Brush Script

Clipart & Fonts

C

ABCDEFGHIJKLMNOPQRSTUVWXYZabcdefghijklmnopqrstuvwxyz0123456789
Caslon Antique

ABCDEFGHIJKLMNOPQRSTUVWXYZabcdefghijklmnopqrstuvwxyz0123456789
Century Schoolbook regular

ABCDEFGHIJKLMNOPQRSTUVWXYZabcdefghijklmnopqrstuvwxyz0123456789
Century Schoolbook bold

ABCDEFGHIJKLMNOPQRSTUVWXYZabcdefghijklmnopqrstuvwxyz0123456789
Century Schoolbook regular italic

ABCDEFGHIJKLMNOPQRSTUVWXYZabcdefghijklmnopqrstuvwxyz0123456789
Century Schoolbook bold italic

ABCDEFGHIJKLMNOPWXYZABCDEFGHIJ0123456789
Chevalier Open

ABCDEFGHIJKLMNYZABCDEFGHIJSTVWX0123456789
Chevalier Stripes

ABCDEFGHIJKLMNOPQRSTUVWXYZabcdefghijklmnopqrstuvwxyz0123456789
Churchward Brush

ABCDEFGHIJKLMNOPQRSTUVWXYZabcdefghijklmnopqrstuvwxyz0123456789
Churchward Brush regular italic

ABCDEFGHIJKLMNOPQRSTUVWXYZABCDEFGHIJKLMNOPQRSTUVWXYZ0123456789
City Compress

FreeHand

ABCDEFGHIJKLMNOPQRSTUVWXYZabcdefghijklmnopqrstuvwxyz0123456789
City Stencil

ABCDEFGHIJKLMNOPQRSTUVWXYZabcdefghijklmnopqrstuv0123456789
Clarendon Light

ABCDEFGHIJKLMNOPQRSTUVWXYZabcdefghijklmnopqrstuv0123456789
Clarendon Medium

ABCDEFGHIJKLMNOPQRSTUVWXYZabcdefghijklmnopqrst0123456789
Clarendon Bold

ABCDEFGHIJKLMNOPQRSTUVWXYZabcdefghijklmnopqrs0123456789
Clarendon Extra Bold

ABCDEFGHIJKLMNOPQRSTUVWXYZabcdefghijklmnopqrstuvwxyz0123456789
Clearface Gothic Round

ABCDEFGHIJKLMNOPQRSTUVWXYZabcdefghijklmnopqrstuvwxyz0123456789
Commercial Script

ABCDEFGHIJKLMNOPQRSTUVWXYZABCDEFGHIJKLMNOP0123456789
Copperplate Light

ABCDEFGHIJKLMNOPQRSTUVWXYZABCDEFGHIJKLMNOPQ0123456789
Copperplate Medium

ABCDEFGHIJKLMNOPQRSTUVWXYZABCDEFGHIJKLMNO0123456789
Copperplate Bold

ABCDEFGHIJKLMNOPQRSTUVWXYZABCDEFGHIJKLMNOPQRSTUVWXYZ0123456789
Copperplate Light Condensed

ABCDEFGHIJKLMNOPQRSTUVWXYZABCDEFGHIJKLMNOPQRSTUVWXYZ0123456789
Copperplate Medium Condensed

ABCDEFGHIJKLMNOPQRSTUVWXYZABCDEFGHIJKLMNOPQRSTUVWXYZ0123456789
Copperplate Bold Condensed

Clipart & Fonts

D

ABCDEFGHIJKLMNOPQRSTUVWXYZABCDEFGHIJKLMNOPQR0123456789
Dextor Black Round

E

ABCDEFGHIJKLMNOPQRSTUVWXYZabcdefghijklmnopqrstuvwxyz0123456789
Euro Bodoni Regular

ABCDEFGHIJKLMNOPQRSTUVWXYZabcdefghijklmnopqrstuvwxyz0123456789
Euro Bodoni Demi-bold

ABCDEFGHIJKLMNOPQRSTUVWXYZABCDEFGHIJKLMNOPQRSTUVWXYZ0123456789
Euro Bodoni SCDD DemBol

ABCDEFGHIJKLMNOPQRSTUVWXYZABCDEFGHIJKLMNOPQRSTUV0123456789
Euro BodDCDReg

ABCDEFGHIJKLMNOPQRSTUVWXYZABCDEFGHIJKLMNOPQRSTUVWXYZ0123456789
Euro BodSCDReg

ABCDEFGHIJKLMNOPQRSTUVWXYZabcdefghijklmnopqrstuvwxy0123456789
EuroBodT Bold Italic

ABCDEFGHIJKLMNOPQRSTUVWXYZabcdefghijklmnopqrstuvwxyz0123456789
Eurostile T

ABCDEFGHIJKLMNOPQRSTUVWXYZabcdefghijklmnopqrstuvwxyz0123456789
Eurostile TMed

ABCDEFGHIJKLMNOPQRSTUVWXYZabcdefghijklmnopqrstuvwxyz0123456789
EurostileT Bold

FreeHand

ABCDEFGHIJKLMNOPQRSTUVWXYZabcdefghijklmnopqrstuvwxyz0123456789
Eurostile Heavy

ABCDEFGHIJKLMNOPQRSTUVWXYZabcdefghijklmnopqrstuvwxyz0123456789
Eurostile Black

G

ABCDEFGHIJKLMNOPQRSTUVWXYZabcdefghijklmnopqrst0123456789
Garamond No. 2 DisCaps Regular

ABCDEFGHIJKLMNOPQRSTUVWXYZabcdefghijklmnopqrstu0123456789
Garamond No. 2 DisCaps Medium

ABCDEFGHIJKLMNOPQRSTUVWXYZabcdefghijklmnopqrstuvwxyz0123456789
Garamond No. 2 Small Caps Regular

ABCDEFGHIJKLMNOPQRSTUVWXYZabcdefghijklmnopqrstuvwxyz0123456789
Garamond No. 2 Small Caps Medium

ABCDEFGHIJKLMNOPQRSTUVWXYZABCDEFGHIJKLMNOPQRSTUVWXY0123456789
Glaser Stencil

ABCDEFGHIJKLMNOPQRSTUVWXYZabcdefghijklmnopqrstu0123456789
Goudy Catalogue DisCaps

ABCDEFGHIJKLMNOPQRSTUVWXYZabcdefghijklmnopqrstuvwxyz0123456789
Goudy Catalog Small Caps

ABCDEFGHIJKLMNOPQRSTUVWXYZabcdefghijklmnopqrstuvwxyz0123456789
Goudy Handtooled

ABCDEFGHIJKLMNOPQRSTUVWXYZabcdefghijklmnopqrstuvwxyz0123456789
Goudy Handtooled Small Caps

Clipart & Fonts

ABCDEFGHIJKLMNOPQRSTUVWXYZabcdefghijklmnopqrstu0123456789
Goudy Handtooled DisCaps

ABCDEFGHIJKLMNOPQRSTUVWXYZabcdefghijklmnopqrst0123456789
Goudy Heavy Poster

ABCDEFGHIJKLMNOPQRSTUVWXYZabcdefghijklmnopqrs0123456789
Goudy Heavyface PosterOutline

ABCDEFGHIJKLMNOPQRSTUVWXYZabcdefghijklmnopqrstuvwxyz0123456789
Goudy Old Style Regular

ABCDEFGHIJKLMNOPQRSTUVWXYZabcdefghijklmnopqrstuvwxyz0123456789
Goudy Old Style Bold

ABCDEFGHIJKLMNOPQRSTUVWXYZabcdefghijklmnopqrstuvwxyz0123456789
Goudy Old Style Extra Bold

ABCDEFGHIJKLMNOPQRSTUVWXYZabcdefghijklmnopqrstuvwxyz0123456789
Goudy Old Style Regular Italic

ABCDEFGHIJKLMNOPQRSTUVWXYZabcdefghijklmnopqrstuvwx0123456789
Goudy Med

ABCDEFGHIJKLMNOPQRSTUVWXYZabcdefghijklmnopqrstuvwx0123456789
Goudy Med Italic

ABCDEFGHIJKLMNOPQRSTUVWXYZabcdefghijklmnopqrstuvwx0123456789
Goudy Bold

ABCDEFGHIJKLMNOPQRSTUVWXYZabcdefghijklmnopqrstuvwxyz0123456789
Goudy Bold Italic

FreeHand

H

ABCDEFGHIJKLMNOPQRSTUVWXYZabcdefghijklmnopqrstuvwxyz0123456789
Hogarth Script

I

ABCDEFGHIJKLMNOPQRSTUVWXYZabcdefghijklmnopqrstuv0123456789
Ice Age

K

ABCDEFGHIJKLMNOPQRSTUVWXYZabcdefghijklmnopqrstuvwxyz0123456789
Koffee

L

ABCDEFGHIJKLMNOPQRSTUVWXYZabcdefghijklmnopqrstuvwx0123456789
Latienne Swash

ABCDEFGHIJKLMNOPQRSTUVWXYZabcdefghijklmn0123456789
Latienne Swash Bold

Clipart & Fonts

M

ABCDEFGHIJKLMNOPQRSTUVWXYZABCDEFGHIJKLMNOPQRSTUVWXYZ0123456789
Mandarin

ABCDEFGHIJKLMNOPQRSTUVWXYZabcdefghijklmnopqrstuvwxyz0123456789
Mariage Antique

ABCDEFGHIJKLMNOPQRSTUVWXYZABCDEFGHIJKLMNOPQRSTUVWXYZ0123456789
Metropolitaines

N

ABCDEFGHIJKLMNOPQRSTUVWXYZabcdefghijklmnopqrstuvwxyz0123456789
News Gothic Light

ABCDEFGHIJKLMNOPQRSTUVWXYZabcdefghijklmnopqrstuvwxyz0123456789
News Gothic Regular

ABCDEFGHIJKLMNOPQRSTUVWXYZabcdefghijklmnopqrstuvwxyz0123456789
News Gothic Medium

ABCDEFGHIJKLMNOPQRSTUVWXYZabcdefghijklmnopqrstuvwxyz0123456789
News Gothic Demi

ABCDEFGHIJKLMNOPQRSTUVWXYZabcdefghijklmnopqrstuvwxyz0123456789
News Gothic Bold

ABCDEFGHIJKLMNOPQRSTUVWXYZABCDEFGHIJKLMNOPQRSTUVWXYZ0123456789
News Gothic DisCaps Light

ABCDEFGHIJKLMNOPQRSTUVWXYZABCDEFGHIJKLMNOPQRSTUVWXYZ0123456789
News Gothic DisCaps Regular

FreeHand

O

ABCDEFGHIJKLMNOPQRSTUVWXYZabcdefghijklmnopqrstuvwxyz0123456789
Old Towne No. 536 Round

P

ABCDEFGHIJKLMNOPQRSTUVWXYZabcdefghijklmnopqrstuvwxyz0123456789
Phyllis Initials

ABCDEFGHIJKLMNOPQRSTUVWXYZabcdefghijklmnopqrstuvwxyz0123456789
Playbill Antique

Q

ABCDEFGHIJKLMNOPQRSTUVWXYZABCDEFGHIJKLMNOPQRSTUVWXYZ0123456789
Quartz

S

ABCDEFGHIJKLMNOPQRSTUVWXYZabcdefghijklmn0123456789
Serpentine Bold

ABCDEFGHIJKLMNOPQRSTUVWXYZabcdefghijklmno0123456789
Serpentine Bold Italic

CLIPART & FONTS

ABCDEFGHIJKLMNOPQRSTUVWXYZABCDEFGHIJKLMNOPQRSTUVWX0123456789
Stencil

ABCDEFGHIJKLMNOPQRSTUVWXYZABCDEFGHIJKLMNOPQRSTUVWXYZ0123456789
Stencil Compress

T

ABCDEFGHIJKLMNOPQ0123456789
Thunderbird Regular

ABCDEFGHIJKLMNOPQRSTUVWXYZABCDEFGHIJKLMNOPQRSTUVWXYZ0123456789
Thunderbird Extra Condensed

U

ABCDEFGHIJKLMNOPQRSTUVWXYZabcdefghijklmnopqrstuvwxyz0123456789
URW Alcuin Small Caps

V

ABCDEFGHIJKLMNOPQRSTUVWXYZabcdefghijklmnopqrstuvwxyz0123456789
Vendome Regular

ABCDEFGHIJKLMNOPQRSTUVWXYZabcdefghijklmnopqrstuvwxyz012345678
Vendome Medium

ABCDEFGHIJKLMNOPQRSTUVWXYZabcdefghijklmnopqr0123456789
Vendome Bold

FreeHand

ABCDEFGHIJKLMNOPQRSTUVWXYZabcdefghijklmnopqrstuvwxyz0123456789
Vendome Regular Italic

ABCDEFGHIJKLMNOPQRSTUVWXYZabcdefghijklmnopqrstuvw0123456789
Vendome Medium Italic

ABCDEFGHIJKLMNOPQRSTUVWXYZabcdefghijklmnopqrstuvwxyz0123456789
Vendome Regular Condensed

ABCDEFGHIJKLMNOPQRSTUVWXYZabcdefghijklmnopqrstuvwxyz0123456789
Vladimir Script

W

ABCDEFGHIJKLMNOPQRSTUVWXYZabcdefghijklmnopqrstuvwxyz0123456789
Washington Extra Light

ABCDEFGHIJKLMNOPQRSTUVWXYZabcdefghijklmnopqrstuvwxyz0123456789
Washington Light

ABCDEFGHIJKLMNOPQRSTUVWXYZabcdefghijklmnopqrstuvwxyz0123456789
Washington Regular

ABCDEFGHIJKLMNOPQRSTUVWXYZabcdefghijklmnopqrstuvwxyz0123456789
Washington Bold

ABCDEFGHIJKLMNOPQRSTUVWXYZabcdefghijklmnopqrstuvwxyz0123456789
Washington Black

ABCDEFGHIJKLMNOPQRSTUVWXYZabcdefghijklmnopqrstuvwxyz0123456789
Washington ExtLig Outline

ABCDEFGHIJKLMNOPQRSTUVWXYZabcdefghijklmnopqrstuvwx0123456789
Windsor Antique Bold

CLIPART & FONTS

Z

ABCDEFGHIJKLMNOPQRSTUVWXYZABCDEFGHIJKLMNOPQRSTUVWXYZ0123456789
Zirkus Compress

ABCDEFGHIJKLMNOPQRSTUVWXYZABCDEFGHIJKLMNOPQRSTUVWXYZ0123456789
Zirkus

ABCDEFGHIJKLMNOPQRSTUVWXYZABCDEFGHIJKLMNOPQRSTUVWXYZ0123456789
Zirkus Small Caps